머릿속에 쏙쏙!
화학 노트

디자인·일러스트   스에요시 요시미(末吉喜美)
그림   이시야마 사란(石山沙蘭)

머릿속에 쏙쏙!

화학 노트

사이토 가쓰히로 지음 곽범신 옮김

시그마북스
Sigma Books

머릿속에 쏙쏙! 화학 노트

발행일 2020년 11월 13일 초판 1쇄 발행
2023년 7월 15일 초판 3쇄 발행

지은이 사이토 가쓰히로

옮긴이 곽범신

발행인 강학경

발행처 시그마북스

마케팅 정제용

에디터 최윤정, 최연정, 양수진

디자인 강경희, 김문배

등록번호 제10-965호

주소 서울특별시 영등포구 양평로 22길 21 선유도코오롱디지털타워 A402호

전자우편 sigmabooks@spress.co.kr

홈페이지 http://www.sigmabooks.co.kr

전화 (02) 2062-5288~9

팩시밀리 (02) 323-4197

ISBN 979-11-90257-86-2(03430)

ZUKAI MIJIKA NI AFURERU "KAGAKU"GA 3 JIKAN DE WAKARU HON
© KATSUHIRO SAITO 2020
Originally published in Japan in 2020 by ASUKA PUBLISHING INC.
Traditional Korean translation rights arranged with ASUKA PUBLISHING INC.
through TOHAN CORPORATION, and EntersKorea co., Ltd.

* 시그마북스는 ㈜시그마프레스의 단행본 브랜드입니다.

시작하며

우리는 물질에 둘러싸여 생활하고 있다. 물질 없는 생활을 감히 생각이나 할 수 있을까.

우리 주변에는 공기가 존재하고, 매일매일 물을 사용한다. 몸에는 옷을 걸치고, 눈앞에는 나무로 된 책상이, 그 위에는 플라스틱으로 뒤덮인 컴퓨터가, 손을 뻗으면 나무와 흑연으로 이루어진 연필이 있다.

식사 시간이면 도자기 그릇 위에 수많은 종류의 식품이 놓인다. 병에 걸리면 약을 먹는다. 이것들 모두가 바로 물질이다. 어디 그뿐일까, 우리 자신 또한 물질의 일부다.

물질은 변한다. 액체인 물은 차게 식히면 고체인 얼음이 되고, 뜨겁게 데우면 기체인 수증기가 된다. 식칼은 녹이 슬고, 가스레인지에서는 가스가 불에 타 빨갛게 빛나며 뜨거워진다. 꽃은 피고 우리도 성장한다. 이처럼 물질은 변한다. 이는 모두 화학반응의 결과다.

이 책은 이처럼 우리 주변의 물질과 그 변화를 재미있게, 이해하기 쉽게 해설해 주는 책이다.

이 책을 읽는 데는 어떠한 화학적 예비지식도 필요가 없다. 고등학교는 물론 중학교에서 가르치는 지식조차 필요치 않다. 공부가 아니라 마음 편히 독서를 한다는 기분으로 읽어준다면 그것만으로 충분하다.

이 책을 다 읽었을 때면 세상을 바라보는 여러분의 시선이 변해 있지 않을까? 이제껏 대수롭지 않게 봐왔던 물건과 현상이 어떻게 이루어져 있으며, 어떻게 변하는지 알게 되리라. 그 결과, 우리 주변의 현상, 나아가서는 자연 현상이 즐겁고 사랑스러운 존재처럼 보이게 되지 않을까.

여러분이 이 책을 읽기 잘 했다고 생각해준다면 그보다 더 큰 기쁨은 없겠다.

2020년 4월

사이토 가쓰히로

차례

제 5 장 '물'의 화학

제 6 장 '생명'의 화학

제 7 장 '폭발'의 화학

제 10 장 '에너지'의 화학

제 1 장

'생활'의 화학

01

방수 스프레이는 어째서 위험할까?

방수 스프레이는 장마철이면 든든한 아군이 되어주지만, 한편으로 이 스프레이를 흡입해 호흡 곤란이나 폐렴을 일으키는 사고도 늘어나고 있다. 어째서 호흡 곤란에 빠지게 되는 것일까?

방수 스프레이란 무엇일까?

방수 스프레이는 옷이나 신발이 젖어서 수분이 내부로 침투하는 것을 막기 위해 개발된 스프레이다. 단순히 방수가 목적이라면 고무를 바르는 방법도 있겠지만 그랬다간 땀이 차서 기분이 불쾌해진다.

따라서 보통은 옷이나 신발 표면에서 물을 튕겨내는 방식으로 물을 막아낸다. 이와 같은 방수 스프레이를 **발수 스프레이**라고 부른다.

발수 스프레이의 성분은 다양하다. 우선 프라이팬으로 친숙한 **불소 수지**나 **실리콘 수지**가 있다. 다음으로 이것들을 녹이는 용제(석유계 용제)인 메틸에틸케톤, 아세트산에틸, 알코올 등이 포함된다. 이렇게 미세한 알갱이로 녹인 수지를 뿌려서 물을 튕겨내는 것이다.

또한 그 액체를 분사하기 위해 분사제와 액화석유가스, 디메틸에테르 등의 가연성 석유가스가 함유되어 있다.[1]

---

1 이전에는 프레온가스를 썼지만 오존홀이나 온실가스 등에 영향을 주기 때문에 현재는 더 이상 사용하지 않는다.

들이마셨을 때 인체에 미치는 영향은?

분사된 가스를 들이마시면 성분 속의 수지가 폐세포에 부착된다. 그러면 **산소가 폐세포 내부에서 산소를 운반하는 물질인 헤모글로빈과 접촉하지 못하게 되어 산소 운반이 멈춘다.** 다시 말해 아무리 열심히 숨을 쉬어도 산소가 세포에 고루 전달되지 못해 세포는 질식하게 된다는 뜻이다. 결과적으로 호흡 곤란에 빠져 저산소증을 일으키고 만다.

구체적으로는 발열이나 구토 증상을 일으키며, 가벼운 운동으로도 숨이 가빠지게 된다. 심각한 경우는 호흡 곤란, 의식 장애, 시력 장애, 언어 장애와 같은 증상이 발생한다. 따라서 한시라도 빨리 병원을 찾아야 한다.

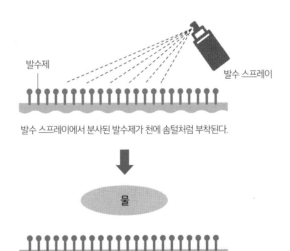

발수 스프레이에서 분사된 발수제가 천에 솜털처럼 부착된다.

표면에 균일하게 자리를 잡은 발수제 분자가 물을 튕겨낸다.

발수 스프레이가 물을 튕겨내는 원리

스프레이 주의

이와 같은 증상을 일으키는 것은 방수 스프레이만이 아니다. 자외선을 차단하는 의류용 코팅 스프레이 역시 주의해야 한다.

위험한 경우는 들이마셨을 때만이 아니다. **스프레이 캔에서 분출되는 가스의 대부분은 가연성**이다. 만약 이 스프레이를 난로를 향해 분사했다간 화염방사기와 다를 바 없으므로 위험하다.

스프레이는 불 근처나 욕실, 현관 등 좁은 공간에서 사용하지 않고 마당이나 베란다에서, 바람의 방향에도 주의해 사용하자.

흡입 사고를 막으려면

올바르게 사용하지 않으면 건강을 해칠 가능성이 있는 것은 어느 제품이나 마찬가지다. 사용 전에는 제품 설명서를 꼼꼼히 읽어서 제대로 이해한 다음에 올바르게 사용해야 한다.

특히 방수 스프레이의 경우는 건강한 성인이라 해도 입원하는 사례가 적지 않다. 사용자는 물론 주변에 있는 사람도 절대 들이마시지 않도록 다음 사항에 유의해 사용하자.

【방수 스프레이 사용 시 주의사항】
- 사용 전에 제품 표시, 특히 '사용 시 주의사항'을 꼼꼼히 읽은 뒤 사용한다.
- 마스크를 착용하고 반드시 바람이 잘 통하는 옥외에서 사용한다.
- 주변에 사람, 특히 어린이가 있지는 않은지 확인한 뒤 사용한다.

---

02 화장실용 세제와 표백제는 어째서 '섞으면 위험'할까?

'섞으면 위험!'이라고 쓰인 라벨을 본 적이 있을 것이다. '2종류를 섞으면 위험합니다'라는 뜻인데, 어느 것과 어느 것을 섞으면 위험한지, 그리고 얼마나 위험한지 알아보자.

전쟁에서도 사용된 맹독

화장실용 세제에는 강력한 산인 **염산**[1]HCl이 함유된 한편, 염소계 표백제[2]에는 산화제인 **하이포아염소산칼륨**KClO이 함유되어 있는데, 이 둘을 섞으면 아래의 반응이 진행되어 **염소가스**Cl_2가 발생한다. 따라서 화장실용 세제와 염소계 표백제를 섞어서는 안 된다.

$$KClO + 2HCl \longrightarrow KCl + H_2O + Cl_2$$

염소가스는 제1차 세계대전 당시에 독일군이 벨기에 서부의 이프르에서 사용한 독가스로 유명한데, 약 5000명의 병사가 이 독가스에 목숨을 잃었을 정도로 유독한 물질이다.

---

1 염산은 염화수소의 수용액으로 대표적인 산이다. 강산성인 염산은 다양한 금속과 화학반응을 일으켜 수소를 발생시킨다. 화장실에서 생기는 주된 오물인 요석이나 물때는 칼슘 성분으로 구성된 알칼리성이기 때문에 산성 세제가 효과적이다.
2 표백 능력이 강한 하이포아염소산칼륨은 어떠한 색이라도 탈색시키기 때문에 색이 들어간 의류에는 사용해선 안 된다. 세균을 제거하거나 냄새 성분을 분해하는 효과도 있기 때문에 정수나 풀장을 살균하는 데도 사용된다.

이러한 독가스가 화장실이나 욕실 같은 밀폐된 공간에서 발생했다간 끔찍한 일이 벌어진다. 그야말로 목숨이 달린 중대 사태인 셈이다. 따라서 이 둘은 절대 섞으면 안 된다.

산은 염소계 표백제와 섞어서는 안 된다

본래 염소계 표백제는 표백할 물질과 접촉하면 천천히 산소를 방출하는데, 이 작용을 통해 옷감 따위가 표백되는 것이다.

염소계 표백제는 어떠한 산과 섞이더라도 염소를 발생시킨다. 예를 들어, 어느 가정에나 있는 식초나 청소용으로 쓰는 구연산도 산성이다. 따라서 염소계 표백제와 섞이면 순식간에 염소가 발생한다.

화학물질의 위험성은 예상치 못한 곳에서도 발생한다. 예를 들어, 염소계 표백제를 사용한 후 세탁액을 욕실 배수구에 버린 뒤, 부엌에서 매실 절임 국물을 싱크대에 버렸다고 가정해보자. 그러면 염소계 표백제와 매실 절임의 산이 마당의 배수구에서 섞이게 된다. 그 결과, 마당 한 편에서는 염소가스가 발생하게 된다. 만약 근처에서 아이가 놀고 있었다면 끔찍한 일이 벌어지는 것이다.

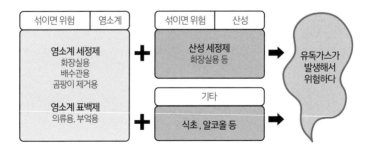

훨씬 위험한 혼합 가스도 있다

염소가스보다 위험한 가스도 있다. 바로 **황화수소가스**H_2S다.[3] 이는 황과 수소의 화합물로, 더없이 위험한 가스다.

황화수소는 온천지대에서 자주 발생하는 '썩은 달걀 냄새'로, 맡아본 적이 있을 것이다. 화산가스나 유황천 등의 냄새를 두고 '유황 냄새'라고들 표현하지만 사실 이 냄새는 황화수소의 냄새로, 유황 자체에서는 아무런 냄새가 나지 않는다.

맨홀, 하수도, 지하도 공사 현장, 탱크 내부, 온천 등에서 주로 발생하며, 무방비하게 구조에 나선 구조자까지 함께 쓰러지고 마는 경우도 있다.

이 가스는 농도가 낮을 때는 문제가 없지만 드물게 움푹 팬 곳 등에 고농도로 고여 있는 경우가 있어 사망 사고가 일어나기도 한다.

황화수소 중독 증상

황화수소 농도	증상
0.05~0.1ppm	특유의 냄새(달걀 썩은 냄새)를 느낀다
50~150ppm	후각이 상실되어 특유의 냄새를 느끼지 못하게 된다
150~300ppm	눈물, 결막염, 각막 혼탁, 비염, 기관지염, 폐수종
500ppm 이상	의식 저하, 사망

---

3 2008년에만 일본 전국에서 1000명 이상이 이 가스를 이용해 스스로 목숨을 끊었다. 어느 가정에서나 흔히 볼 수 있는 액체 2종류를 섞으면 놀라울 만큼 간단하게 염소가스를 만들 수 있다. 정확히 어떤 액체인지는 너무나도 위험하므로 따로 싣지는 않겠지만 인터넷에서 정보를 접한 사람들이 연달아 모방하면서 이와 같은 사태가 벌어졌다.

03

베이킹소다나 구연산은 어떻게 얼룩을 지울까?

지금까지 '세제'라 하면 중성세제나 가정용 세제, 연마세정제가 일반적이었다. 하지만 최근 들어 베이킹소다나 구연산이 얼룩을 지우는 데 효과적이라는 평이 들려온다. 어떠한 원리일까.

베이킹소다는 알칼리

베이킹소다와 구연산 모두 올바르게 사용하면 얼룩을 효과적으로 지워주는 편리한 물질이다. 다만 이 둘은 전혀 다른 물질이기 때문에 각각 적합한 사용법을 지킬 필요가 있다.

베이킹소다의 정식 명칭은 탄산수소나트륨$NaHCO_3$이다. 비슷한 물질로는 마찬가지로 얼룩을 지울 때 사용하는 탄산소다(탄산나트륨)Na_2CO_3나 세스퀴탄산소다(세스퀴탄산나트륨)$Na_2CO_3 \cdot NaHCO_3$가 있다. 세스퀴탄산소다는 탄산소다와 베이킹소다를 1:1로 혼합한 물질이다.

이 세 가지 물질은 모두 알칼리로, 손에 닿으면 다칠 가능성이 있다. 따라서 사용할 때는 고무장갑을 꼭 끼자. 알칼리의 세기는 아래에 표시된 순서와 같으며, 얼룩을 지우는 효과 역시 이 순서대로다.

【알칼리의 세기(얼룩을 없애는 능력)】

탄산소다 > 세스퀴탄산소다 > 베이킹소다

구연산은 산

베이킹소다와 반대로 구연산은 이름에서 알 수 있듯이 '산'이다. 레몬 등의 감귤류나 매실 절임에 들어 있다.

익히 알려진 산으로는 식초에 함유된 아세트산CH_3COOH이 있다. 유기산에서 산의 작용을 하는 것은 COOH라는 원자단이다.

아세트산은 이 원자단을 하나밖에 지니고 있지 않지만 구연산은 3개나 지니고 있다.[1] 그만큼 구연산이 더 강한 산으로, 얼룩을 지우는 작용 역시 강력하다. 따라서 손을 다칠 가능성도 있으므로 사용할 때는 고무장갑을 끼는 편이 좋다.

얼룩 제거

얼룩에는 본래 '산성 얼룩'과 '알칼리성 얼룩'이 있다. 산성 얼룩으로는 기름때, 피지, 음식물쓰레기, 의류의 얼룩, 체취 등이 있으며, 알칼리성 얼룩으로는 화장실에 생긴 때 등이 대표적이다.

산성 얼룩에 알칼리성 세제를 사용하면 얼룩을 중화시켜 수용성으로 바꾸어주므로 쉽게 지워지게 된다. 게다가 베이킹소다는 입자가 단단하므로 연마 효과도 기대할 수 있다. 한편, 구연산은 주로 물때에 효과적이다. 욕실 거울에 낀 얼룩은 칼슘 등의 금속으로, 산의 COOH 원자단이 이 금속을 붙잡아서 떼어내준다.

---

1 얼룩을 떼어내는 '손'이 3개나 있다는 뜻이다. 이는 게가 집게발 2개로 먹이를 붙잡는 모습과 유사하기 때문에 '킬레이트 효과'라고 불린다. '킬레이트'는 그리스어로 '게의 집게'라는 뜻이다.

올바른 사용법

	베이킹소다	세스퀴	구연산
효과적인 얼룩	기름·피지	기름·피지	물때
pH	매우 약한 알칼리성	약한 알칼리성	약산성
물에 녹는 정도	○	◎	○
끈적끈적한 기름때	○	◎	×
세탁	○	◎	○(유연제로)
식기세척기	○	◎	○(내부세정제로)
냄비에 눌어붙은 때	◎	○	×
연마 능력	◎	×	×
냄새 제거 효과 (땀, 신발 등)	◎	◎	×
물때	×	×	◎
살균	×	×	◎
혈액	×	◎	×

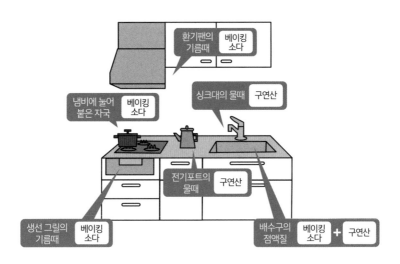

04

표백제는 어떻게 천을 하얗게 만들까?

일반 세제로는 좀처럼 지워지지 않는 얼룩 등에 효과적인 세제가 바로 표백제다. 그렇다면 표백제가 옷을 하얗게 만드는 이유는 무엇일까. 그 원리를 살펴보자.

'얼룩'의 원인은 정확히 밝혀지지 않았다

옷에 생긴 얼룩의 원인은 복잡하다. 사실 그 대부분의 원인은 정확히 밝혀져 있지 않다. 특히 옷에 생긴 묵은 때의 원인은 해명이 어렵다고 한다.

하지만 색채의 원리는 어느 정도 밝혀진 바 있다. 바로 공액이중결합이라고 하는 특수한 화학결합을 지닌 분자 때문이다. 공액이중결합은 '단일결합'과 '이중결합'이 교대로 연속된 결합이다.

이와 같은 결합을 지닌 화합물은 대부분 '색'이 있다. 그리고 이 '결합의 길이'에 따라 색깔이 달라진다. 물론 너무 짧을 때는 무색이지만 적당한 길이가 되면 노란색으로, 그리고 오렌지색, 빨간색, 초록색, 파란색 순으로 변해나간다.

표백의 원리

묵은 때 역시 이와 같은 공액이중결합을 지닌 화합물(얼룩 화합물)이 옷에 침착된 결과로 보인다. 그렇다면 두 가지 해결책을 생각해볼 수 있다. 첫 번째는 얼룩 화합물을 '씻어내는' 방법, 그리고 두 번째는 얼룩 화합물의 공액이중결합을 '파괴하는' 방법이다.

여기서 일반적인 세제는 얼룩을 '씻어내는' 첫 번째 방법으로 옷을 복원한다. 하지만 이 방법으로 만족스러운 결과를 얻지 못했을 때는 두 번째인 '파괴하는' 방법을 사용하는데, 이것이 바로 표백제다.

표백제는 얼룩 분자의 공액이중결합을 파괴하는 물질이다. 하지만 여기에는 간단히 나누더라도 두 가지 방식이 있다.

각각의 방식에 따라 염소계라 불리는 하이포아염소산나트륨을 사용한 표백제, 하이드로설파이트를 사용한 표백제 등이 시판되고 있

산화작용으로 색소를 분해 <산화형>		환원작용으로 색소를 분해 <환원형>
산소계 표백제	**염소계 표백제**	**환원형 표백제**
표백능력: ★(액체) ★★(분말)	표백능력: ★★★(액체)	표백능력: ★★(분말)
주성분: 과산화수소(액체), 과탄산나트륨(분말) 액성: 산성~약산성(액체), 약알칼리성(분말)	주성분: 하이포아염소산나트륨 액성: 알칼리성 ※ 염소계 표백제에는 '섞으면 위험' 이라는 표기가 있음	주성분: 이산화티오요소, 하이드로설파이트 액성: 약알칼리성
용도: 홍차나 커피, 과즙, 간장, 혈액, 기름이나 피지 등의 얼룩·황변· 묵은 때의 표백. 의류의 살균과 냄새 제거		용도: 산화된 녹, 산화철이 함유된 적토 때문에 생겨 난 황변이나 얼룩, 염소계 표백제에 따른 일부 수지 가공품의 황변 복구·가정 에서 물세탁할 수 있는 흰 의류 전용·녹 등
• 흰 의류와 유색 의류에 사용할 수 있음 • 액상형은 모직물이나 견직물을 포함한 섬유제품에도 사용할 수 있음 • 분말형은 모직물과 견직물을 포함한 섬유제품에는 사용할 수 없음	• 흰 의류 전용 • 면, 마, 폴리에스테르, 아크릴 등 의 섬유제품에 사용할 수 있음 • 모직물이나 견직물, 나일론, 폴 리우레탄, 아세테이트, 일부 수 지 가공품에는 사용할 수 없음	• 가정에서 물세탁할 수 있 는 흰 의류 전용 • 녹 등

표백제의 종류

다. 두 방법 모두 효과적이므로 얼룩의 상태나 옷감의 상태에 따라 선택하면 된다.

【표백 방법】

① 산화표백: 이중결합에 산소를 더해 단일결합으로 변화시키는 방법. 이에 따라 공액이중결합은 둘로 나뉜다.
② 환원표백: 이중결합에 수소를 더해 공액이중결합을 끊어내는 방법.

형광염료

그 외에도 형광염료를 사용하는 방법도 있다. 형광염료란 햇빛의 자외선을 흡수하는 대신 푸르스름한 빛을 내는 염료로, 에스쿨린이라고 부른다. 1929년에 가시칠엽수라는 나무에서 발견되었다.

이상의 방법을 선택, 혹은 함께 사용한다면 누렇게 변해버린 옷감 대부분이 본래의 하얀색을 되찾을 수 있다.

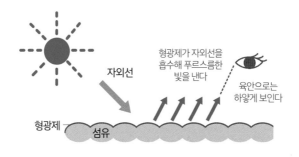

형광염료의 원리

새집증후군이란 무엇일까?

2000년을 전후해 문제로 대두된 '새집증후군'은 새로 지어진 집으로 이사를 가면 기분이 우울해지거나 건강이 나빠지는 현상이다. 대체 무엇이 원인일까.

새집증후군

'새집증후군'이란 신축 주택 등에서 발생하는 권태감·두통·습진·호흡기 질환 등의 건강 이상을 아우르는 표현이다. 집뿐 아니라 새 차를 탔을 때도 비슷한 증상이 발생한다는 사실이 알려져 있다.

신기하게도 오래된 집이나 중고차에서는 이러한 증상이 발생하지 않는다. 어째서 새 집, 새 차에서만 이러한 현상이 발생하는 것일까.

새집증후군은 **휘발성 유기화합물**(Volatile Organic Compounds, VOC) 때문이라고 한다. 다시 말해 새 건축자재, 건축용 접착제, 도료, 새 자동차 내장재 등에서 새나온 VOC 기체가 원인이라는 뜻이다.

오래된 집이나 중고차에서는 더 이상 배출될 VOC가 없기 때문에 괜찮은 것이다. 또한 피해 역시 화학물질에 민감한 사람, 일반적으로 화학물질 과민증이 있는 사람에게서 많이 찾아볼 수 있다.[1]

---

[1] 다양한 종류의 미량 화학물질에 반응해 고통을 겪는 '환경병'으로, 심각하면 일상생활을 하지 못하는 경우도 있다.

포름알데히드

VOC에는 여러 종류가 있지만 건축자재나 내장재에 포함되어 있으며 특히 독성이 강하다고 알려진 물질로 포름알데히드$H_2C=O$가 있다.

참고로 포름알데히드의 농도가 30% 정도인 수용액이 포르말린이다. 중고등학교 과학실에서 하얗게 변한 뱀이나 개구리 표본이 들어 있는 병을 본 적이 있으리라. 그 병에 들어 있는 무색투명한 물 같은 액체가 바로 포르말린이다. 포르말린은 단백질을 경화시켜 굳혀버리는 유독성 물질이다.

포름알데히드는 플라스틱의 원료

플라스틱에는 두 가지 종류가 있다. 폴리에틸렌처럼 열을 가하면 유연해지는 열가소성 수지와 열을 가해도 유연해지지 않아 냄비 손잡이 등에 쓰이는 열경화성 수지다.

포름알데히드는 이 열경화성 수지의 원료다. 원료라고는 하나 화학반응의 원료이기 때문에 반응을 마치면 전혀 다른 물질로 변해버리므로 독성은 사라진다.

하지만 아주 소량의 원료는 반응을 일으키지 않은 채 제품 속에 잔류한다. 이러한 물질이 천천히 새 나오는 것이 바로 VOC다. 열경화성 수지는 베니어합판 등의 접착제에도 사용된다. 이처럼 신축 주택은 각종 VOC로 가득하기 때문에 거주민의 건강을 해치는 것이다.

최근에는 포름알데히드를 사용하지 않는 건축자재나 접착제도 개발하고 있으므로 새집증후군의 피해는 점차 줄어들고 있다.

06

플라스틱이란 무엇일까?

우리 주변은 플라스틱으로 가득하다. 가전제품의 대부분은 플라스틱에 뒤덮여 있고, 옷 역시 합성섬유(플라스틱의 일종)로 만들어졌다.

플라스틱=고분자

플라스틱은 일반적으로 '고분자'다. 고분자란 '분자량이 높은 분자'를 뜻하는 말로, **수많은 원자로 이루어진 커다란 분자**라는 의미다.

하지만 고분자가 단순히 커다란 분자만을 의미하지는 않는다. 고분자란 '작은 단위분자'가 수백 개, 때로는 수만 개나 되는 규모로 연결된 분자다. 그런 의미에서 보자면 사슬에 빗대는 편이 낫지 않을까. 사슬은 무척 길지만 그 구성단위는 작고 동그란 고리다. 고분자란 이고리가 수백 개, 긴 사슬이라면 수만 개나 이어져 있는 셈이다.

폴리에틸렌의 구조

화합물의 명칭은 그리스어 수 대명사를 토대로 결정된다. 폴리에틸렌의 '폴리(poly)'는 '수많은'이라는 뜻이다. 즉, 폴리에틸렌은 '**에틸렌이 잔뜩 결합한 물질**'을 의미한다. 에틸렌은 $H_2C=CH_2$라는 매우 구조가 간단한 분자다.

간단한 구조지만 생물학적으로는 중요한 작용을 하는 분자이기도

하다. 에틸렌은 바로 **식물을 숙성시키는 호르몬**이다. 파릇파릇할 때 수확한 바나나가 운반 중에 에틸렌을 빨아들이면 노랗게 잘 익은 바나나로 변한다. 폴리에틸렌은 이 에틸렌 분자가 약 1만 개나 연결된 커다란 분자다.

원자의 결합을 나타내는 한 줄의 선(단일결합)은 원자 간의 악수라고 볼 수 있다. 다시 말해 두 줄의 에틸렌으로 나타낸 탄소 간의 결합은 두 손을 서로 맞잡은 악수인 셈이다. 폴리에틸렌을 만들 때는 여기서 맞잡은 손을 하나 푸는 대신 인접한 에틸렌 분자와 손을 잡는다. 이러한 방식으로 결합은 계속해서 늘어나고, 최종적으로는 1만 개나 되는 에틸렌이 결합하게 되는 것이다.

1만 개의 $H_2C=CH_2$가 결합했다는 말은 2만 개의 CH_2 단위가 연결되었다는 말과 동일하다.

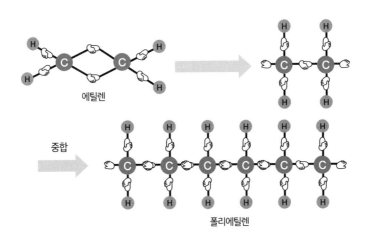

에틸렌

중합

폴리에틸렌

도시가스, 석유, 바셀린, 폴리에틸렌은 모두 형제

도시가스는 천연가스로, 그 성분은 대부분 메탄CH_4이다. 다시 말해 탄소C가 1개에 수소H가 4개라는 뜻이다. 마찬가지로 기체연료인 프로판은 $CH_3CH_2CH_3$으로 탄소가 3개다. 가스라이터에 쓰이는 부탄은 $CH_3CH_2CH_2CH_3$으로 탄소는 4개다.

이렇게 탄소를 늘려가다 보면 기체가 액체로 변하는데, 탄소수 6~10개 정도에서 휘발유, 8~12개 정도에서 등유가 된다. 그리고 탄소수가 20개 정도로 늘어나면 고체인 바셀린, 그리고 1만 개 정도에서는 유리처럼 딱딱한 폴리에틸렌이 되는 것이다.

다시 말해 이러한 물질들은 탄소의 숫자만 다를 뿐 모두 비슷한 형제 물질인 셈이다.

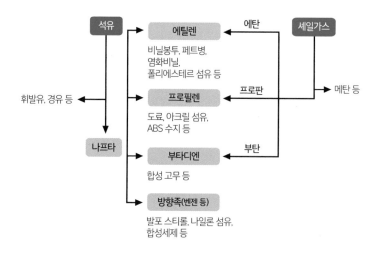

주된 화학제품의 제조 과정과 용도

07

종이 기저귀는 어떻게 많은 물을 빨아들일까?

행주는 자신의 무게보다 2~3배 이상 물을 흡수할 수 있다. 그런데 종이 기저귀는 자신의 무게보다 약 1000배 이상 물을 빨아들인다. 종이 기저귀는 과연 어떠한 구조로 되어 있을까.

고흡수성 수지의 보수력

종이 기저귀에서 물을 빨아들이는 부분은 **고흡수성 수지**(고흡수성 폴리머, SAP)라는 일종의 플라스틱으로 이루어져 있다.[1] 이 수지는 많게는 **자신의 무게보다 약 1000배 이상 물을 흡수한다**고 한다. 이처럼 많은 물을 빨아들일 수 있는 비결은 이 수지의 분자구조에 있다.

같은 수지(플라스틱)라도 폴리에틸렌은 긴 끈 형태의 분자다. 하지만 고흡수성 수지는 이 끈이 사방으로 얽혀, 마치 3차원 형태인 바구니가 늘어선 듯한 구조를 이루고 있다. 따라서 **흡수된 물이 바구니 안에 갇혀서 쉽사리 빠져나오지 못하는 것이다.** 이것이 고흡수성 수지가 지닌 보수력[2]의 비밀 중 하나다.

---

1 수지에는 송진이나 옻진 등의 '천연수지'와 석유 등을 원료로 해서 인공적으로 만들어내는 '합성수지'가 있다. 이 합성수지를 일반적으로 '플라스틱'이라 부른다.

2 수분을 보존하는 능력. – 옮긴이

바구니 구조의 확대

하지만 이 정도로 자신의 무게보다 1000배 이상의 물을 빨아들이는 보수력을 설명할 수는 없다. 고흡수성 수지 분자는 곳곳에 –COONa 라는 원자단(치환기)이 결합해 있다. 수지가 물을 빨아들이면 이 원자단이 분해(전리)되어 COO^-라는 음의 전기를 띤 원자단과 양의 전기를 띤 나트륨 이온Na^+이 된다.

그 결과, 수지에 부착된 COO^- 원자단이 서로에게 정전반발[3]을 일으키고, 이 정전반발이 바구니의 부피를 넓히는 작용을 한다. 이로 인해 더욱 많은 물을 흡수하게 되고, 그 결과 또다시 수많은 COO^- 원자단이 생겨나 한층 많은 물을 흡수하게 된다. 이 과정을 반복하면서 물을 쭉쭉 빨아들이는 것이다.

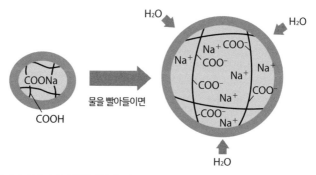

고흡수성 수지가 물을 빨아들이는 구조
물을 쭉쭉 빨아들이는 힘은 삼투압에서 비롯된 것이다. 입자가 나트륨 이온(Na^+)을 방출해 안쪽의 나트륨 농도가 높아지면서 바깥쪽의 물과 농도차가 발생해 물을 안으로 빨아들이는 힘이 작용하게 된다.

----

3 +와 +, –와 –처럼 같은 성질의 전기를 띤 입자가 만나 반발력이 작용하는 현상. –옮긴이

사막을 숲으로

고흡수성 수지가 사용되는 분야는 종이 기저귀가 전부는 아니다. 현재 주목받고 있는 분야로는 사막에 나무를 심는 녹화사업이 있다. 사막에 고흡수성 수지를 묻어서 물을 빨아들이게 한 뒤, 그 위에 나무를 심는 것이다.

나무는 고흡수성 수지가 저장한 물을 빨아들이며 성장한다. 물론 이 물은 하룻밤 만에 모두 소진되지만 적어도 급수 간격을 대폭 늘려줄 수는 있다. 또한 이따금 내리는 소나기의 수분을 빨아들일 수도 있다.

현재 지구상 모든 육지의 4분의 1은 강수량보다 증발량이 많은 사막지대로, 해마다 한국 면적(10만km^2)보다 큰 12만km^{2}가 사막으로 변하고 있다고 한다. 고흡수성 수지가 사막화를 저지해줄 하나의 수단이 되기를 바란다.

분야	용도
위생용품	종이 기저귀, 냅킨
농업·원예	토양보수제, 육모용 시트
식품·유통	보냉용 겔
일용품	일회용 손난로, 겔 방향제
애완동물 용품	펫 시트
의료	폐 혈액 고화제

SAP의 주된 용도

꾸준히 늘어나는 수요

2018년도 고흡수성 수지의 세계 수요는 연 300만 톤이다. 각국의 경제 성장이나 고령화에 따라 기저귀의 이용량이 늘어나면서 연간 5~7%씩 성장이 이어지고 있다. 종이 기저귀의 품질이 높아지고 두께가 얇아지는 추세와 어우러져 SAP의 사용 비율은 점차 높아질 것으로 기대된다.

08 형태를 기억하는 브래지어는 어떤 구조일까?

원반 형태의 플라스틱 판을 드라이어로 가열하면 테두리가 쑥쑥 솟아올라 순식간에 수프 그릇으로 모습을 바꾸는 마법 같은 플라스틱이 있다는 사실을 알고 있는지!

형상기억의 원리

원반 형태의 플라스틱 판 테두리에 열을 가하면 본래 형태를 떠올려 수프 그릇으로 변하는(되돌아가는) 플라스틱이 있다. 이렇듯 자신의 옛 형태를 기억하는 고분자를 **형상기억 고분자**라고 한다.

형상기억 고분자가 형태를 기억하는 원리의 열쇠는 3차원 그물 구조라는 분자구조에 있다. 그 원리는 다음과 같다.

【형태를 기억하는 원리】

① 우선 분자구조가 그물 구조인 플라스틱으로 수프 그릇을 만든다. 이 시점에서 이 플라스틱은 수프 그릇의 형태를 기억하게 된다. 다시 말해 3차원 그물 구조와 수프 그릇의 구조가 일체화된 것이다.

② 이어서 이 수프 그릇을 가열해 부드럽게 만든다.

③ 부드러워진 수프 그릇을 고압으로 눌러서 강제로 원반 형태로 바꾼다.

④ 그리고 이 상태에서 냉각한다. 냉각된 고분자는 굳어지므로 형태는 원반 형태로 고정된다. 하지만 이 상태에서 3차원 그물 구조와 원반 구조는 일체

화되지 않는다. 어쩔 수 없이 원반 형태를 이루고 있는 셈이다.

⑤ 이 원반을 가열한다. 그러면 다시 플라스틱이 부드러워지기 때문에 본래의 수프 그릇으로 되돌아가게 된다.

형상기억 고분자의 용도

형상기억 고분자는 다양한 분야에서 이용되고 있다.

널리 알려진 분야는 바로 브래지어다. 브래지어의 아름다운 컵 형태를 유지해주는 지지대의 소재 역시 이 고분자로 이루어져 있다. 브래지어를 세탁하면 컵의 형태가 무너진다. 하지만 이 브래지어를 착용하면 체온에 따라 고분자 소재가 자신의 본래 형태, 다시 말해 아름다운 원형으로 돌아가게 된다는 뜻이다.

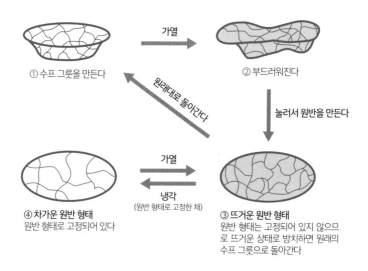

가열

① 수프 그릇을 만든다   ② 부드러워진다

원래대로 돌아간다

눌러서 원반을 만든다

가열

냉각
(원반 형태로 고정한 채)

④ **차가운 원반 형태**
원반 형태로 고정되어 있다

③ **뜨거운 원반 형태**
원반 형태는 고정되어 있지 않으므로 뜨거운 상태로 방치하면 원래의 수프 그릇으로 돌아간다

이와 같은 소재로 형상기억 금속이라는 금속도 있다. 브래지어의 지지대 역시 이전에는 형상기억 금속이 사용되었지만, 착용감이 플라스틱이 더 좋다는 이유로 최근에는 오로지 플라스틱만 사용한다고 한다.

하지만 안경테처럼 기계적 강도가 필요한 분야에서는 형상기억 금속을 사용하고 있다. 금속과 유기물(플라스틱)이 같은 무대에서 경쟁하는, 그야말로 현대과학을 상징하는 모습이라 할 수 있겠다.

또한 분해하기 쉬운 나사못도 있다. 우선 '나사산이 없는 나사못'을 만들어 그 형태를 기억시킨다. 다음으로 이 '나사못'을 가열해 형태를 잡아서 나사산을 만든다. 이 나사못을 사용해 공구를 조립한다. 공구가 필요 없어져서 분해할 때는 나사못을 드라이어로 가열한다. 그러면 나사산이 사라지게 되므로 나사못은 아무런 저항 없이 빠지고, 공구는 간단히 분해된다.

09

다이아몬드는 정말로 숯과 똑같을까?

숯은 새까맣고 쉽게 부러지거나 쪼개진다. 한편 다이아몬드는 유리처럼 무색투명하며 가장 단단한 물질이라 불린다. 이러한 숯과 다이아몬드가 똑같다니, 대체 무슨 소리일까.

숯과 다이아몬드 모두 탄소로 이루어져 있다

물론 다이아몬드와 숯은 똑같지 않다. 전혀 다른 물질이다. 다만 다이아몬드와 숯 모두 탄소로 이루어져 있다는 점은 동일하다. 이러한 물질은 자연계에 무척 많다.

예를 들어, 산소 분자와 오존 분자는 전혀 다른 물질(기체)이지만 모두 산소 원자만으로 이루어져 있다. 산소의 분자식은 O_2로 산소 원자 2개로 구성되어 있고, 오존은 O_3로 산소 원자 3개로 구성되어 있다.

이처럼 같은 원자로 이루어져 있지만 서로 다른 물질을 동소체라고 부른다.

탄소에는 다양한 동소체가 있다. 숯, 흑연, 다이아몬드 외에도 20세기에 발견된 축구공처럼 동그란 풀러렌C_{60}이나 긴 통 형태의 탄소나노튜브 역시 탄소만으로 이루어진 물질로, 이들 모두는 서로 동소체 관계다. 따라서 숯, 다이아몬드, 탄소나노튜브 모두 태우면 이산화탄소CO_2가 된다.

흑연(그라파이트)	다이아몬드	풀러렌(C_{60})

 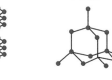 

층 형태로 벗겨진다. 전극 등에 이용	세상에서 가장 단단한 물질. 보석이나 공업용 칼날 등에 이용	축구공 형태의 구형 분자. 화장품 등에 이용 지름 0.7mm

탄소의 동소체

숯은 다이아몬드가 된다

최초로 다이아몬드가 인위적으로 합성된 것은 1955년이다. 미국의 제너럴 일렉트릭사가 금속용매를 이용해 온도 1200~2400℃, 기압 5.5~10만 기압에서 흑연(그라파이트)을 원료로 합성에 성공했다.

이후 다이아몬드의 합성 기술은 점차 발달해 1996년 시점에서 이미 4000만 캐럿을 생산하기에 이르러, 자연에서 산출되는 공업용 다이아몬드의 산출량 4400만 캐럿을 따라잡는 상황이 되었다.

합성 초기에 만들어진 다이아몬드는 불투명한 갈색이었다. 하지만 경도는 천연 다이아몬드와 동일했기 때문에 오로지 연마재나 절삭재로 사용했다.

아름다운 합성 다이아몬드

하지만 현재는 무색투명하며 천연 다이아몬드와 구별할 수 없을 정도로 아름다운 합성 다이아몬드나 파란색, 핑크색 등의 색이 입혀진 합성 다이아몬드가 만들어지고 있다.[1]

또한 애완동물이나 고인의 모발, 유골에서 다이아몬드를 합성하는 기술도 개발되고 있다.

이처럼 다이아몬드의 합성 방법이 일반화되기 시작했으므로 조만간 다이아몬드의 시장 가격이 폭락할지도 모른다는 이야기도 들려온다.

풀러렌의 용도

1985년에 풀러렌을 발견한 크로토, 스몰리, 컬, 세 사람은 1996년에 노벨화학상을 수상했다. 풀러렌은 탄소전극을 이용한 아크 방전을 통해 합성할 수 있는데, 처음에는 1g당 1000만 원 정도나 되었다고 한다. 하지만 현재는 톤 단위로 대량 생산이 가능해졌다.

주로 유기발광다이오드[2]나 유기태양전지의 유기반도체 등 과학 분야에서 이용되지만 활성산소 제거 효과를 이용해 화장품에 섞는 등 생리적 용도로도 사용하고 있으며, 심지어 윤활유에 섞기도 한다.

---

1 이 합성 다이아몬드는 천연 다이아몬드보다 저렴한 가격으로 시중에 판매되고 있기 때문에 천연 다이아몬드와 구별하기 위해 다이아몬드에 레이저로 일련번호를 새기는 업체도 있다.
2 전기 자극을 받으면 자체적으로 발광하는 유기물질로, 휴대전화나 텔레비전 등의 화면에 쓰인다. -옮긴이

'순물질'

우리 주변에는 헤아릴 수 없을 정도로 많은 물질이 존재하지만 그 대부분은 여러 물질이 섞인 '혼합물'로, 단 하나의 물질로 이루어진 '순물질'은 손에 꼽힐 정도에 불과하다. 엄밀히 말한다면 세상에 순물질은 존재하지 않는다고 하니 '거의 순수한' 물질이라 하자.

'거의 순수한' 물질로 가장 먼저 물을 꼽을 수 있다. 하지만 공기는 제외다. 공기는 질소와 산소의 혼합물이다. 순도가 높은 물질로는 조미료가 있다. 소금은 99%가 염화나트륨이다. 다음으로 설탕이 있다. 설탕 또한 꽤나 순도가 높다. 특히 그래뉴당이나 얼음설탕은 100%에 가깝다고 한다. MSG 역시 순도는 거의 100%다. 만약 무수에탄올이 있었다면 이 또한 순도 99.5%다. 입에 들어갈 가능성이 있으며 순도가 높은 물질은 이 정도를 꼽을 수 있지 않을까.

보석 중에서 금제품은 24K 각인이 있다면 100% 금이라는 뜻이고, 백금역시 Pt100이라 각인이 되어 있다면 100%라는 뜻이다. 다이아몬드는 순수한 탄소이며, 루비와 사파이어는 순수한 산화알루미늄, 수정 류는 순수한 산화규소다.

이렇게 보면 순수한 물질은 의외로 적다는 사실을 알 수 있다.

제 2 장

'식탁'의 화학

10

식품첨가물에는 어떤 것이 있을까?

시판되는 가공식품에는 많든 적든 식품첨가물이 함유되어 있다. 식품첨가물 중에는 맛을 좋게 해주는 첨가물, 보기 좋게 해주는 첨가물, 보존성을 높여주는 첨가물 등이 있다.

식품첨가물이란

한국 식품위생법에 따르면 '식품첨가물이란 식품을 제조·가공·조리 또는 보존하는 과정에서 감미, 착색, 표백 또는 산화방지 등을 목적으로 식품에 사용되는 물질을 말한다. 이 경우 기구·용기·포장을 살균·소독하는 데 사용되어 간접적으로 식품으로 옮아갈 수 있는 물질을 포함한다'.

맛이나 식감을 좋게 해주는 첨가물

대표적인 식품첨가물이라면 '향신료'를 들 수 있겠다.

향신료는 식욕을 돋워주는 효과가 있다. 다만 천연 향신료는 가격이 비싸다. 그래서 인공적으로 제작한 합성 향신료가 이용되는 경우가 있다. 그중에는 바닐라에서 추출한 바닐린, 박하에서 추출한 멘톨처럼 천연물질 자체를 인위적으로 가공한 것이 있고, 천연물질과는 무관한 인공 향신료가 있다.

'식감'에 영향을 미치는 첨가물은 유화제와 증점제다.

물과 기름처럼 본래 서로 섞이지 않는 물질을 섞어서 유화시키는 첨가물을 **유화제**(지방산에스테르 등)라 부른다. 또한 **증점제**(알긴산나트륨 등)는 식품에 매끈매끈한 질감이나 끈기를 더해주는 첨가물이다.

겉보기를 좋게 해주는 첨가물

식품의 외관(겉보기)을 좋게 해주는 첨가물도 다양하다.

갈변된 천연물질을 표백해주거나(아황산나트륨 등), 햄 등에 빨간색을 내주는 첨가물이 있다(아질산나트륨 등).

식품에 색을 입히는 **착색제**로는 치자(노란색), 홍화(빨간색), 카로틴(오렌지색) 등의 천연물질이 있다. 하지만 이러한 천연물질은 가격이 비싼데다 발색이 선명하지 못할 때가 있으므로 합성착색료를 사용하는 경우가 많다.

한국에서는 합성착색료 9종이 인정을 받았다. 이 9종은 타르계 색소라 불리는 색소다. 흔히 '거북이 등딱지'라 불리는 벤젠 고리를 잔뜩 지니고 있다.

일반적으로 벤젠 고리를 지닌 화합물은 발암성을 띠는 경우가 있으므로 공식적으로 인정된 착색제에는 엄중한 검사가 실시되고 있다.

보존성을 높여주는 첨가물

살균제는 유해한 균을 죽이는 물질로, 작용성이 강한 첨가물이다. 수도를 살균할 때 사용하는 하이포아염소산나트륨$NaClO$, 소독에 쓰는 과산화수소H_2O_2, 오존O_3 등이 있다.

1	2	3	4	5
식품의 제조나 가공에 필요한 첨가물	식품의 영양소를 보충, 강화 시켜주는 첨가물	식품의 보존성을 높여 식중독을 예방 시켜주는 첨가물	식품의 품질을 향상시켜주는 첨가물	식품의 풍미나 겉보기를 좋게 해주는 첨가물
· 응고제 · 견수(硯水) · 유화제 등	· 강화제	· 보존제 · 항곰팡이제 · 산화방지제 등	· 증점제 · 안정제 · 호료(糊料) · 품질향상제 등	· 착색료 · 발색제 · 표백제 · 감미료 · 조미료 등

식품첨가물의 종류

한편 살균제보다 작용이 약한 물질로는 **방부제**가 있다. 세균의 증식을 예방하는 물질로, 벤조산이나 소르브산이 자주 쓰인다. 모두 천연물질이지만 일반적으로는 이것을 인공적으로 대량생산해 첨가물로 사용한다. 또한 미생물이 만들어내는 프로피온산은 곰팡이의 발육을 억제하는 효과가 있기 때문에 치즈, 빵, 양과자 등에 이용된다.

무첨가는 안전할까?

지금까지 봐왔듯 우리의 식생활에서 첨가물은 빼놓을 수 없는 물질이다. 다만 한편으로는 '보존료 미사용', '무첨가' 등이 표기된 식품이더 안전하고 몸에도 좋다는 인식을 지닌 이들도 적지 않을 것이다.

하지만 무첨가 식품이 안전하다는 과학적인 근거는 없다. 필요 이상으로 두려워하지 말고 적절히 첨가물과 어울려보면 어떨까.

11

인공감미료란 무엇일까?

'미각'에는 단맛, 짠맛, 신맛, 쓴맛, 감칠맛까지 모두 5종류가 있다. 이 중 단맛은 인류에게 평안과 행복을 안겨주는 맛으로 칭송받으며 많은 사람을 사로잡았다.

단맛은 행복을 안겨준다?

'맛'에는 단순히 맛이 있고 없고를 떠나 다양한 요소가 있다. 예를 들어, 짠맛이 강하다면 독성이 있는 금속 성분이 함유되었을 가능성이 있고, 신맛이 강하다면 식물이 부패했을 가능성이 있다.

하지만 단맛에는 이러한 경고의 의미가 없다. 단 것은 맛이 좋으며 대부분의 경우는 인류를 행복으로 인도한다.

설탕보다 350배나 달콤한 '사카린'

우리는 단 것이라 하면 설탕(자당, 수크로스)을 먼저 떠올린다. 하지만 천연물질로는 벌꿀, 과일, 감주 등 수많은 종류가 있다.

그런데 화학 연구가 발달하면서 이처럼 자연계에 존재하는 단맛 성분 외에도, 훨씬 달콤한 화학물질이 존재한다는 사실이 밝혀졌다. 그 첫 번째 사례가 바로 **사카린**이다. 사카린은 1878년에 탄생했고, 그 단맛은 경이롭게도 설탕의 350배에 달했다.

사카린은 물자가 부족했던 제1차 세계대전 시기에 날개 돋친 듯

팔려나갔다. 하지만 발암성이 있다는 지적을 받아 1977년에는 사용이 금지되었다. 그러나 1991년에 사카린은 발암물질이 아니라는 사실이 판명되었고, 현재는 그 낮은 칼로리에 주목해 다이어트 식품이나 당뇨병 환자를 위해 설탕 대체재로 활용되고 있다.

훨씬 달콤한 '러그던에임'

사카린 외에도 각종 인공 감미료가 등장했다. 그중에서 치클로나 둘신은 인체에 해롭다는 이유로 밀려났다.

근처에 보이는 음료수 병에 적혀 있는 성분표를 살펴보자. 아스파탐(설탕보다 200배 달다), 아세설팜칼륨(200배), 혹은 수크랄로스(600배) 등 생소한 물질명이 적혀 있다는 사실을 알 수 있다. 참고로 몇 가지 물질의 분자구조를 싣는다.

사카린   아스파탐   아세설팜칼륨

참고로 현재 알려진 가장 달콤한 물질은 러그던에임(lugduname)으로, 설탕보다 무려 30만 배나 달다고 한다. 다만 러그던에임은 아직 실용화되지 않았다.

그럼 여기서 수크랄로스의 구조식을 살펴보자.

수크랄로스는 설탕(수크로스)과 이름이 비슷할 뿐 아니라 구조

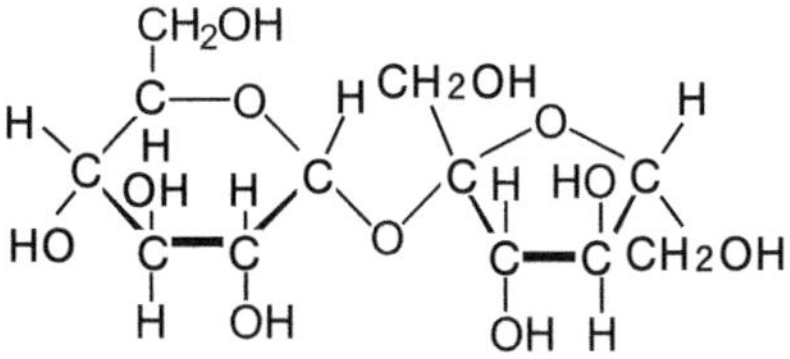

CH2OH

수크로스

CH2OH

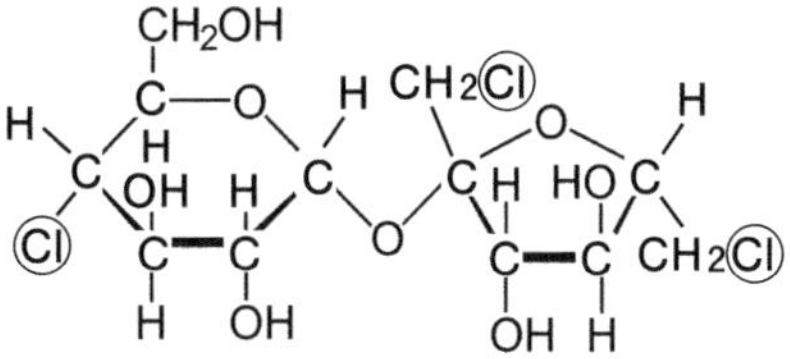

수크랄로스

식도 꼭 닮았다. 차이점은 설탕에 있는 3개의 'OH 원자단'이 염소 원소 'Cl'로 바뀌어 있다는 점뿐이다. 이는 수크랄로스가 DDT나 BHC(모두 살충제)와 동일한 유기염소 화합물임을 여실히 보여주고 있다. 수크랄로스는 120℃ 이상으로 가열하면 염소를 발생시키는 물질로도 알려져 있다.

12

발효식품이란 무엇일까?

술, 된장, 간장, 청국장 등 우리 식탁에는 수많은 발효식품이 자리를 잡고 있다. 양식에서도 요거트, 치즈, 생 햄 등 수많은 발효식품이 존재한다.

발효식품이란

우리는 세균에 둘러싸여, 아니, 세균에 범벅이 된 채 살아간다. 세균도 생물이니 먹이를 먹어야 한다. 세균은 우리의 몸 자체나 우리가 먹는 음식물을 먹으며 번식하고 있다.

이때 인간에게 좋지 않은 폐기물을 배출하면 **부패**라 부르고, 유익한 폐기물을 배출하면 **발효**라고 부른다. 부패와 발효는 어디까지나 인간의 편의에 따른 분류인 것이다.

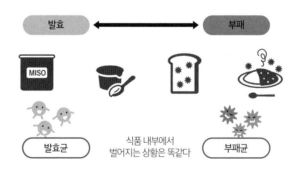

발효와 부패의 차이

널리 알려진 발효로는 **알코올 발효**와 **유산 발효**가 있다. 알코올 발효에서는 효모(이스트)라는 균이 포도당을 섭취하고 폐기물로 알코올(에탄올)과 이산화탄소를 배출한다. 이 알코올을 이용한 음식물이 바로 술이고, 이산화탄소를 이용한 음식물이 빵이다.

유산 발효는 포도당을 분해해 유산을 발생시키는 발효다. 다만 '유산균'은 유산을 발생시키는 세균을 한데 묶어서 부르는 이름으로, 따로 유산균이라는 균이 존재하는 것은 아니다.

발효식품 이모저모

조미료 대부분이 발효식품이다. 된장은 주원료인 콩을 보리, 쌀, 대두 등으로 배양한 **누룩곰팡이**로 발효시킨 것이다. 간장은 원료인 대두나 밀을 보리누룩으로 발효시킨 것이다.

곡물로 만든 간장을 곡장(穀醬)이라 부르는 반면에 작은 생선을 발효시킨 간장은 어장(魚醬)이라 부른다. 식초 역시 쌀, 포도 등을 알코올 발효시킨 다음 아세트산 발효를 통해 만들어진다.

우유를 **유산균**으로 발효시킨 요거트는 우리의 삶에서 떼어놓을 수 없는 식품으로 자리 잡았다. 일본의 버터는 발효시키지 않지만 유럽에서는 발효 버터가 일반적이다.

생 햄이나 일부 소시지는 소고기나 돼지고기를 발효시킨 식품이다. 일본 시가현에서 만들어 먹는 붕어초밥은 붕어와 밥을 몇 개월

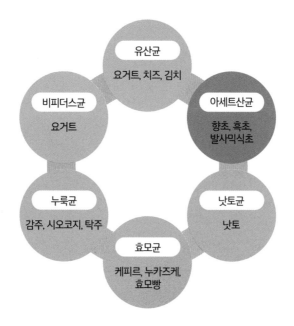

발효식품의 예[1]

동안 삭힌 음식으로, 유산균 발효식품이다. 쿠사야[2]는 절임 간장을 장기간 보존하는 방식으로 유산 발효시켜서 특유의 냄새와 맛을 이끌어낸다.

---

1 시오코지는 쌀누룩과 소금을 섞어서 만드는 일본의 발효 조미료, 누카즈케는 쌀겨에 소금을 섞은 뒤 채소 따위를 재워서 숙성시키는 일본의 절임 요리, 케피르는 러시아나 동유럽 국가에서 즐겨 마시는 전통 발효유다. -옮긴이
2 일본의 전통 음식으로, 전갱이 등의 생선을 간장에 절인 뒤 말려서 만든다. -옮긴이

13

술에는 어떤 종류가 있을까?

효모균을 이용한 발효를 통해 만들어지는 술은 에탄올(알코올)이 함유된 음료를 가리킨다. 그 원료, 제조법, 함유된 에탄올의 양에 따라 다양한 종류가 있다.

알코올 발효

자연적으로 만드는 술은 효모균의 알코올 발효를 통해 제조한다. 포도당에 자연계에 서식하는 효모균(이스트)을 넣으면 효모균은 포도당을 분해해 에탄올과 이산화탄소CO_2를 발생시킨다. 이를 **알코올 발효**라고 부르며, 술뿐 아니라 빵을 만들 때에도 사용된다.

포도에는 많은 포도당이 함유되어 있으며 포도의 잎이나 껍질에는 천연 효모균이 서식하고 있기 때문에, 포도를 으깬 뒤 저장하면 자연히 알코올 발효가 진행되면서 와인이 만들어진다.

쌀이나 보리 같은 곡물에는 포도당이 함유되어 있지 않은 대신에 수많은 포도당 분자가 결합된 전분이 있다. 따라서 알코올 발효를 시키려면 그 전에 전분을 분해해 포도당으로 바꾸어야만 한다. 이때 필요한 것이 바로 누룩균이나 발아한 보리(맥아)에 함유된 효소다.

이와 같은 방법으로 제조한 술을 일반적으로 **양조주**라고 부른다. 와인, 사케, 맥주, 소흥주 등이 양조주에 해당한다. 양조주에 함유된 에탄올의 양은 넉넉잡아 15% 정도다.

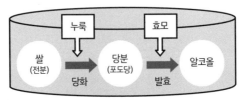

사케는 병행복발효

'당화'와 '알코올 발효'가 동시에 진행된다

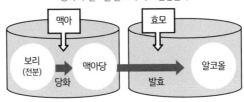

맥주는 단행복발효

'당화'와 '알코올 발효'가 따로 진행된다

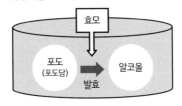

와인은 단발효

원료에 당분이 함유되어 있기 때문에 '알코올 발효'가 진행된다

증류주·리큐어

양조주를 증류해 에탄올의 함유량을 높인 술을 일반적으로 **증류주**
라고 부른다. 포도로 만든 브랜디, 보리로 만든 위스키, 당밀로 만든
럼, 용설란으로 만든 테킬라 등이 유명하다. 워커도 유명하지만 워커
에는 곡물, 감자 등 다양한 원료를 사용한다. 소주 역시 쌀 외에도 고
구마, 보리 등 각종 재료를 사용한다.

증류주의 에탄올 함유량은 증류 방식에 따라 얼마든지 높일 수 있다. 약 20%(소주 등)부터 80%(워커나 테킬라 등)가 넘는 것까지 다양하다.

증류주에 과일, 나무껍질, 뱀 등을 담가서 만든 술을 **리큐어**라고 부른다. 일본에서는 매실주나 살무사주가 대표적이다.[1]

몽골에서 마시는 마유주라는 별난 술도 있다. 마유주는 말의 유즙으로 만든 술로, 말 젖에 함유된 유당의 포도당이 알코올 발효된 것이다. 에탄올의 함유량은 1~2%로 낮으며, 요거트에 가까운 음료다.[2]

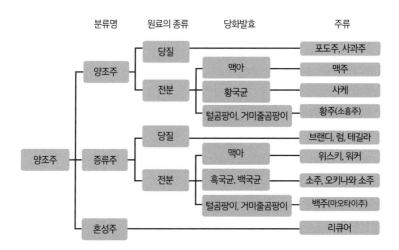

---

1 살무사나 반시뱀 등의 독사는 독을 품고 있지만 뱀독은 단백질(단백독)이기 때문에 에탄올에 장시간 담가놓으면 알코올 변성을 일으켜 독성을 잃는다. 따라서 뱀술은 마셔도 해가 되지 않는다. (다만 뱀술은 독이 아닌 세균 감염, 기생충 등의 요인 때문에 실제로 피해를 입은 사례가 있다. – 옮긴이)

2 술로 마실 때는 증류한 '아이락'의 형태로 마신다.

14

채소나 곡물은 조리하면 어떻게 변할까?

채소의 주된 성분은 셀룰로스와 전분, 곡물의 주된 성분은 전분이다. 그 외에 소량의 단백질, 지방, 그리고 비타민 등 미량의 성분이 함유되어 있다.

셀룰로스와 전분의 구조

셀룰로스, 전분 모두 수많은 포도당 분자가 결합한 것이다. 따라서 둘 모두 가수분해하면 포도당으로 변해 귀중한 영양소가 되어준다.

그런데 셀룰로스와 전분은 포도당의 결합 방식이 미묘하게 다르다. 그렇기 때문에 초식동물은 둘을 모두 분해·대사할 수 있지만 육식동물이나 인간은 셀룰로스를 이용하지 못한다.

초식동물이 셀룰로스를 분해할 수 있는 이유는 장 내부에서 셀룰로스 분해균을 기르고 있기 때문이다.[1]

전분으로는 포도당이 사슬 형태로 연결된 아밀로스와 가지를 뻗친 형태로 연결된 아밀로펙틴이 있다. 찹쌀은 100% 아밀로펙틴이지만 일반적인 쌀(멥쌀)에는 20% 정도 아밀로스가 함유되어 있다.

떡이 쫀득쫀득한 이유는 늘였을 때 아밀로펙틴의 가지가 서로 뒤엉키기 때문이다.

------

1 훗날 인간 역시 대장균이나 유산균처럼 셀룰로스 분해균을 장 내부에서 기를 수 있게 된다면 전 세계의 식량 상황은 크게 개선될 것이다.

열에 따른 아밀로스의 변화

아밀로스는 사슬이 곧게 뻗은 직쇄 구조지만 입체적으로 본다면 나선(스프링) 구조를 이루고 있다. 대개 1회전하는 데 6분자의 포도당이 필요하다고 한다. 이 상태의 아밀로스는 이른바 결정 상태처럼 반듯한 구조로, 분자 간의 간격이 촘촘하다. 따라서 아밀로스의 집합체 안에 물이나 효소가 끼어들기 어려우므로 잘 소화되지 않는다. 이러한 상태를 β(베타)-전분이라 하는데, 생쌀이 이러한 상태다.

이 상태에서 끓이면 나선 구조가 느슨해짐과 동시에 결정 구조까지 느슨해진다. 이렇게 되면 물이나 효소가 침투하기 쉬워지고 소화되기 쉬운 상태로 변한다. 이를 α(알파)-전분이라 부르는데, 따뜻한 밥이 이러한 상태다.

그런데 이 상태에서 차가워지면 또다시 본래의 β 상태로 되돌아간다. 하지만 물기가 없으면 α 상태가 꾸준히 유지된다. 이것이 바로 과거 닌자들이 먹었다고 하는 볶은 쌀로, 비상식량인 건빵이나 빵, 비스킷 따위도 이와 유사하다.

비타민 류의 상실

이처럼 전분은 열 때문에 변형되는데, 채소 역시 가열하면 내부에 함유된 비타민이 분해되거나 국물에 녹아서 소실된다. 비타민 K와 나이아신(비타민 B_2)을 제외한 거의 모든 비타민은 열에 약하다. 또한 비타민 B, C 등의 수용성 비타민은 오랫동안 물에 씻거나 끓이면 소실되고 만다.

15

고기는 조리하면 어떻게 변할까?

식용 '고기'는 대부분이 근육으로, 단백질이 다양한 형태로 한데 모인 집단이다. 이는 조류, 돼지, 소, 생선 모두 동일하다.

근육의 구조

단백질은 복잡한 입체 구조를 이루고 있는데, 열, 산·알칼리, 또는 알코올과 같은 약품에 따라 불가역적으로 변한다. 이러한 현상을 단백질 변성이라고 한다. 식육의 조리는 기본적으로 단백질의 열 변성을 통해 진행된다.

　아래 그림은 근육의 모식도다. 근육은 근섬유라 불리는 세포가 콜라겐 막으로 묶인 구조다. 그리고 근섬유는 긴 섬유 형태의 근원섬유 단백질과 그 사이를 메우는 구 형태의 근장 단백질이라는 2종류의

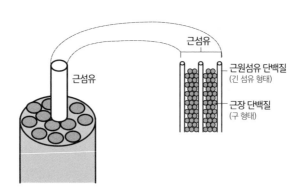

단백질로 이루어져 있다.

콜라겐은 미용과 노화방지에 도움을 준다고 해서 인기가 많으나, 본래 동물의 모든 단백질 중 30%는 콜라겐이다.

단백질의 열 변성

고기를 가열하면 질감이 서서히 변한다. 그 양상은 다음 페이지의 그래프에 나타나 있다. 그래프를 보면 알 수 있듯이 60℃까지는 온도가 높아짐에 따라 점차 부드러워진다. 하지만 60℃가 넘으면 급격하게 단단해진다. 그리고 75℃가 넘으면 다시금 부드러워진다.

이렇듯 고기의 질감이 신기하게 변하는 이유는 근육을 구성하는 3종류의 단백질인 콜라겐, 근원섬유 단백질, 근장 단백질이 열 변성을 일으키는 온도가 저마다 미묘하게 다르기 때문이다.

이처럼 열 변성이 발생하는 온도와 그래프에 나타난 질감의 변화를 대조했을 때, 고기를 가열해 온도가 높아지면 근원섬유 단백질은 응고되어 단단해지지만 근장 단백질은 아직 굳기 전이므로 식감이 부드럽게 느껴진다는 사실을 알 수 있다.

> 45~50℃ : 근원섬유 단백질이 열에 응고
> 55~60℃ : 근장 단백질이 열에 응고
> 65℃ : 콜라겐이 수축되어 최초의 3분의 1로 짧아짐
> 75℃ : 콜라겐이 분해되어 젤라틴으로 변화

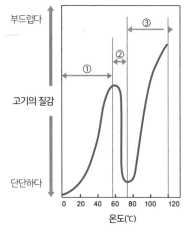

부드럽다

고기의 질감

단단하다

0 20 40 60 80 100 120

온도(℃)

① 근원섬유 단백질이 열에 응고 근장 단백질은 유동성이 있기 때문에 고기가 부드러워진다.

② 근장 단백질이 열에 응고되고, 콜라겐이 수축되기 때문에 고기가 단단해진다.

③ 콜라겐이 열에 분해되어 젤라틴으로 변하므로 고기가 부드러워진다.

하지만 60℃가 넘으면 근장 단백질도 응고되므로 고기는 전체적으로 단단해진다. 그리고 65℃가 넘으면 콜라겐이 수축되기 때문에 고기는 단숨에 단단해진다.

그런데 75℃가 넘으면 이번에는 콜라겐이 분해되어 젤라틴으로 변하기 때문에 고기는 또다시 부드러워지게 된다.

고기를 푹 삶으면 콜라겐의 분해가 진행되어 고기는 한층 부드러워진다. 고기를 오랫동안 삶은 국물을 차게 식히면 젤리처럼 변하는데, 이는 콜라겐이 분해되어 국물에 녹아 있음을 보여주는 현상이다.

하지만 지나치게 오래 끓이면 콜라겐 막이 녹아서 사라진다. 이렇게 되면 고기의 섬유질이 산산이 흩어져서 고기로서의 식감이 사라져버리기 때문에 고기의 감칠맛도 잃게 된다.

제 3 장

'약과 독'의 화학

16

항생물질은 어디서 만들어질까?

항생물질이란 미생물이 분비하는 것으로, 다른 미생물을 위협하는 물질을 말한다. 항생물질이
가져다준 막대한 은혜를 누려왔지만 한편으로는 내성균이라는 문제와도 직면해 있다.

항생물질의 종류

항생물질이란 주로 세균 등의 미생물이 성장하지 못하도록 하는 물
질로, 폐렴이나 화농 등의 세균감염증에 효과적이다.

1929년에 푸른곰팡이가 만들어내는 **페니실린**이라는 물질이, 감염
증의 원인인 포도상구균 등의 발육을 억제한다는 사실을 발견했다.
이후 다양한 세균이 발견되고 항생물질을 찾아내려는 노력이 이어지
면서 수많은 항생물질이 등장했다. 예를 들어, 당시는 불치병으로 여
겨졌던 결핵도 **스트렙토마이신**을 발견함으로써 극복했다.

항생물질의 종류는 무수히 많으며 현재까지도 새롭게 발견되고 있
다. 2015년, 오무라와 캠벨은 기생충을 효과적으로 죽이는 아베르멕
틴이라는 물질을 발견한 업적으로 노벨의학·생리학상을 수상했다.
아베르멕틴은 땅속 세균에서 발견된 항생물질[1]로, 아프리카에서 기
생충 때문에 발생하는 실명을 크게 감소시켰다.

---

1 이버멕틴이라는 약품으로 나왔다. 아베르멕틴을 화학적 방법으로 효과를 더욱 높인 약품이다.

내성균

항생물질은 온갖 질병에 대해 경이로운 치유 능력을 선보였지만 한편으로는 골치 아픈 문제를 일으키기도 했다. 지금까지 항생물질이 효과를 보였던 균에 더 이상 같은 항생물질이 통하지 않게 된 것이다. 이러한 균은 항생물질에 대한 저항력을 획득했다 해서 **내성균**이라고 부른다.

내성균에 대항하려면 또 다른 항생물질을 사용해야 한다. 하지만 그 사이에 균은 새로운 항생물질에 대해서도 저항력을 획득하게 된

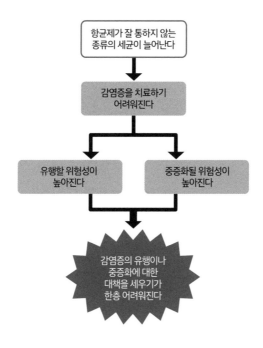

항균제가 잘 통하지 않는
종류의 세균이 늘어난다

↓

감염증을 치료하기
어려워진다

유행할 위험성이
높아진다

중증화될 위험성이
높아진다

감염증의 유행이나
중증화에 대한
대책을 세우기가
한층 어려워진다

약제 내성의 위험성

다. 그러면 또다시 새로운 항생물질을 찾아내야 하는 악순환에 빠지고 만다.[2]

이러한 사태를 타개할 방법으로는 두 가지가 있다. 하나는 항생물질을 되도록 사용하지 않는 것, 그리고 나머지 하나는 기존의 항생물질에 화학적 반응을 가해 분자구조의 일부를 변화시키는(수식) 것이다. 분자구조를 변화시키면 균은 이 물질을 신종 항생물질로 착각해 내성이 작용하지 않게 될 가능성이 있다.

---

2 실제로 등장한 내성균으로는 메티실린 내성 황색포도상구균(MRSA)이 있다. 병원이나 의료기관 안에서 감염되는 기염균(起炎菌)이라는 균으로, 한때는 항생물질로 극복하는 데 성공했다고 받아들여졌다. 하지만 내성균이 출현하면서 그 내성균을 극복하기 위해 새로운 항생물질을 개발하고, 또다시 그 항생물질에 내성을 지닌 내성균이 등장하는 악순환이 이어지고 있다.

17

각성제나 디자이너 드러그란 무엇일까?

마약을 하면 일시적으로 행복감을 느끼게 된다고 한다. 하지만 한번 맛보면 헤어날 수 없으며, 급기야 사고력이나 판단력이 마비되고 인격까지 무너져 폐인이 되는 경우도 있다.

마약

마약, 각성제, 디자이너 드러그 등을 뭉뚱그려 '마약'이라 부르는데, 정신을 해치는 약물의 대명사가 되었다. 하지만 본래 마약은 양귀비에서 추출해낸 아편을 가리킨다. 어린 양귀비 열매에 상처를 내면 수지가 맺히는데, 이 수지를 굳힌 것이 바로 아편이다.

성분은 모르핀과 코데인이다. 모르핀에 무수아세트산을 작용시키면 마약의 여왕이라 불리는 헤로인이 된다. 모르핀, 코데인은 암 등의 질병에 진통제로 사용되지만 헤로인에는 강한 습관성이 있기 때문에 진통제로는 물론 어떠한 경우에서도 적극적으로 쓰이지 않는다.

각성제

마약을 사용하면 몽롱한 상태에서 무릉도원을 노니는 기분이 드는 반면, 각성제는 머리가 맑아진 듯한 착각에 빠져 기분이 고조된다.[1]

---

1 식욕을 감퇴시키고 혈압과 심박수를 높인다. 단순한 작업 능률이나 순발력이 필요한 운동 능력은 높아지지만 집중력이 필요한 작업의 능률, 내구력이 필요한 운동능력은 저하된다.

일본 약학계의 아버지라 불리는 나가이 나가요시는 황마라는 식물에서 천식에 효과적인 에페드린이라는 성분을 분리하는 데 성공했다. 그리고 이 성분을 화학적으로 합성하기 위해 연구를 하던 중 발견(발명)한 물질이 바로 메스암페타민이다. 비슷한 시기에 루마니아에서 암페타민이 합성되었다.

메스암페타민과 암페타민은 졸음을 없애주고 의식을 또렷하게 해주는 작용이 있다 해서 각성제라 한다. 1943년, 일본에서 히로뽕이라는 상품명으로 시판된 메스암페타민은 바쁜 회사원이나 수험생들 사이에서 널리 퍼졌다.

하지만 상습적으로 복용하면 마약과 똑같은 습관성이 발생한다는 사실이 드러나 심각한 사회문제로 대두되었다.

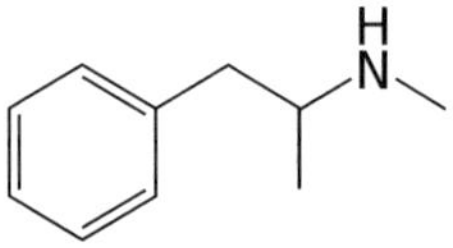

메스암페타민

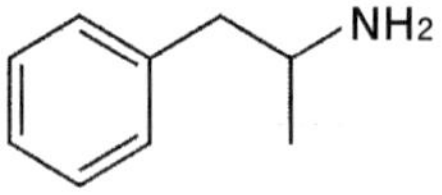

암페타민

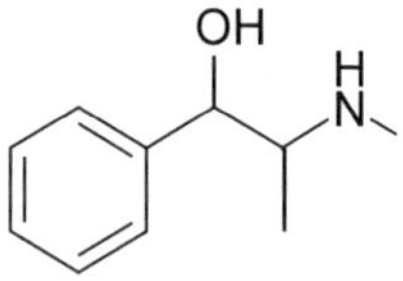

에페드린

각성제란 암페타민, 메스암페타민과 그 염류를 가리킨다. 약물이 생체에 미치는 작용 등이 매우 유사하다.

각성제의 약물 구조식

디자이너 드러그

마약, 각성제 모두 법령에 따라 소지와 사용이 금지되어 있다. 하지만 법령으로 금지된 약물은 전형적인 마약뿐이다. 화학적인 지식을 갖춘 사람이라면 마약 분자구조의 일부를 간단하게 변화시킬 수 있다.

이와 같은 방법으로 만든 약품은 법령의 단속망에 걸리지 않았다. 하지만 사용 후의 감각은 마약과 동일하거나 그 이상이고, 해악 역시 마찬가지다. 게다가 암암리에 만들어졌기 때문에 안전성을 아무도 검사하지 않는다. 이와 같은 약품을 디자이너 드러그라고 부른다.[2]

하지만 이후 법령이 개정되면서 이와 같은 디자이너 드러그도 모두 단속의 대상이 되었다.

마약

테트라하이드로칸나비놀(대마의 성분)

디자이너 드러그

DON(2, 5-디메톡시-4-니트로암페타민)

마약과 디자이너 드러그의 예

----

2 디자이너 드러그는 '향', '입욕제', '아로마' 등 얼핏 보아서는 분간하기 어렵게 위장된 채 판매되고 있다. 색이나 형태 역시 분말·액체·건조식물 등 제각각으로, 겉모습만으로는 알아볼 수 없게끔 교묘하게 만들어져 있다.

18

어떤 식물에 독이 있을까?

아름다운 꽃을 피우는 식물 중에는 맹독을 지닌 식물도 있다. 아름답다 해서 함부로 냄새를 맡기라도 했다간 끔찍한 결과를 초래하게 될지도 모른다.

수선화

수선화는 석산의 독성분과 동일한 리코린이 모든 부위에 들어 있다. 수선화의 잎을 부추로 착각해서 먹었다가 식중독을 일으키는 경우가 있다. 또한 인경(구근)을 산파로 오인하는 사고도 벌어지고 있다.

독성은 강하지 않으며 구토를 유발하기 때문에 중증으로 발전한 예는 많지 않으나, 부추로 오인했을 때는 대량으로 섭취하는 경우가 많아 목숨이 위험해지는 사례도 있다. 반드시 주의가 필요하다.

콜키쿰

크로커스와 비슷하게 생긴 아름다운 연보라색 꽃이지만 모든 부위에 콜히친이라는 독을 품고 있다. 실수로 섭취했다간 피부의 감각이 마비되고 중증으로 발전하면 호흡이 마비되어 사망에 이르게 된다. 산나물 중 하나인 산마늘로 오인해 먹게 되는 경우가 많으며 구근을 양파로 오인하는 경우도 있다고 한다.

은방울꽃

청초함의 대명사와 같은 꽃이지만 모든 부위에 콘발라톡신이라는 독을 품고 있다. 먹었을 경우에는 구토, 현기증, 심부전, 심장마비 등의 증상을 일으키고, 중증으로 발전한 경우에 사망할 수 있다. 산마늘로 오인해 먹는 경우가 많으나 은방울꽃을 꽂아놓은 꽃병의 물을 실수로 마신 어린아이가 목숨을 잃은 사고도 있었다고 한다.

꽃 냄새만 맡았을 뿐인데 현기증을 일으킨 경우도 있다고 하니 심장 질환이 있는 사람은 특히 주의하는 편이 좋겠다.

바곳

일본을 대표하는 맹독성 식물이다. 꽃부터 뿌리까지 모든 부위에 맹독인 아코니틴이 함유되어 있다. 먹었을 경우는 물론, 수액이 상처 부위에 스며들기만 하더라도 중독된다.

산나물인 남방바람꽃의 잎과 비슷하게 생겼기 때문에 식중독 사고가 발생하기도 한다. 맹독이지만 한방에서는 강심제로 사용한다.

협죽도

배기가스에 강하기 때문에 가로수로 심지만 독성이 강하다. 모든 부위에 독이 있을 뿐 아니라 주변 토양에까지 독을 퍼뜨린다.

살아 있는 나무를 태운 연기에도 독이 있으며 부엽토만 하더라도 1년 동안은 독성이 남아 있다고 한다. 협죽도의 가지를 바비큐의 꼬치로 사용해 사망한 사례도 있다.

19

어떤 버섯에 독이 있을까?

일본에 자생하는 4000종 이상의 버섯 중에서 3분의 1은 독버섯이라고 한다.[1] 주된 독버섯과 주의해야 할 점을 살펴보도록 하자.

붉은사슴뿔버섯[2]

최근 들어 주택가 부근에서도 발견되기 시작한 버섯이다. 이름처럼 붉은 사슴뿔처럼 생긴 기분 나쁜 버섯이니 먹는 사람은 없을 것이다.

하지만 이 버섯은 만지기만 하더라도 피부에 염증이 생겨 통증이 따른다. 물론 먹었을 때는 죽음에 이르게 된다. 내장 전체에 증상이 나타나며, 치유되었다 해도 소뇌 위축 등의 후유증이 남는다. 독은 곰팡이독(마이코톡신)의 일종인 트리코테신 류가 검출되었다.

노란다발버섯

거의 1년 내내 접할 수 있는 소형 버섯이다. 식용 버섯인 개암버섯과 비슷하게 생겼다. 생으로 먹으면 쓴맛이 있지만 가열하면 사라진다. 그러나 강한 독성은 그대로 남기 때문에 먹었을 경우 사망하는 사례

---

1 한국에 자생하는 버섯은 약 1900여 종으로, 이중 먹을 수 있는 것은 대략 400종(21%) 정도에 불과하며 나머지 식용 가치가 없거나 독버섯이다. –옮긴이
2 한국에서는 식용버섯인 영지버섯으로 착각해서 달여 먹었다가 중독되는 일이 많다. –옮긴이

가 무척 많다.

　그런데 일본에는 이 독버섯을 장기간 소금에 절여 독을 제거해서 먹는 지역도 있다. 독성분은 밝혀지지 않았다.

두엄먹물버섯

두엄먹물버섯이란 성숙해지면 자기소화효소에 녹아내려 하룻밤 만에 검은 액체가 되어버린다 해서 붙은 이름이다. 맛이 좋은 버섯이며 보통은 독성도 없지만 문제는 술과 함께 섭취했을 때 발생한다.

　술에 함유된 에탄올은 체내에서 알코올 산화효소에 따라 산화되어 유독한 아세트알데히드로 변한다. 두엄먹물버섯은 이 알데히드를 분해하는 효소의 작용을 방해한다. 따라서 알데히드가 체내에 계속 잔류해 심각한 숙취 증상을 초래한다. 증상은 4시간 정도면 사라지지만 체내에 유입된 독은 계속 남아 1주일 정도는 같은 증상이 발생한다고 한다. 독성분은 코프린이다.

넓은옆버섯

과거에는 식용 버섯으로 알려진 버섯이다. 그런데 2004년 가을, 신장 기능에 장애가 있는 사람이 이 버섯을 먹고 급성뇌증을 일으킨 사례가 신문에 보도되었다. 그러자 비슷한 증상이 발생한 사례가 연달아 보도되기 시작했다.

　결국 같은 해에 일본 도호쿠·호쿠리쿠 지방의 9개 현에서 59명이 이 증상을 일으켰고, 그중 17명이 사망했다. 발병자 중에는 신장병을 앓은 적이 없는 사람도 포함되어 있었다.

넓은옆버섯에 갑자기 독성이 생겨난 것인지, 아니면 그전까지 발생한 중독사는 별도의 병명으로 처리되고 있었는지, 의문스러울 따름이다.

현재 일본 정부는 신장병 병력이 없다 하더라도 원인이 규명될 때까지는 넓은옆버섯의 섭취를 삼가도록 권고하고 있다. 상세한 독성분은 밝혀지지 않았다.

독버섯의 독성분과 주된 증상

독버섯의 종류	독성분	주된 증상과 증상이 나타나기까지의 시간
담갈색송이	우스탈산	두통, 구토, 복통, 설사 등
삿갓외대버섯	콜린, 무스카린, 무스카리딘, 용혈성 단백질 등	설사, 구토, 복통 등 (10분~몇 시간 정도)
독우산광대버섯	아마톡신 류, 팔로톡신 류 등	구토, 복통, 설사, 간이나 신장의 기능 장애 (6~24시간 정도)
화경버섯	일루딘S(램프테롤) 등	구토, 복통, 설사 등 (30분~1시간 정도)
마귀광대버섯	이보텐산, 무시몰, 무스카린 류 등	복통, 구토, 설사, 경련 등 (30분~4시간 정도)
독깔때기버섯	클리티딘	손발 끝이 붉게 부어오르며 심한 통증이 발생한다. 통증은 1개월 동안 지속되기도 한다.
알광대버섯	팔로톡신, 아마톡신	설사, 구토, 복통 (24시간 정도)

20

어떤 어패류에 독이 있을까?

복어는 맹독을 품고 있으며 계절에 따라서는 조개에도 패독이라고 하는 독이 있다. 맛이 좋은 어패류지만 그만큼 주의해야 한다.

복어독

복어에는 다양한 종류가 있다. 밀복이나 거북복처럼 독성이 없거나 약한 복어도 있지만, 대부분의 복어에는 맹독인 **테트로도톡신**이 있다. 신경독의 일종인 테트로도톡신은 신경전달을 방해해 전신을 마비시키거나 호흡 곤란을 초래한다. 열에 강하기 때문에 익히더라도 잘 분해되지 않으며, 먹었을 때는 거의 100% 중독된다. 복어를 조리하려면 전문 자격증이 필요하다. 비전문가는 요리를 삼가자.

자주복의 독은 혈액, 간, 곤이에만 존재한다. 따라서 이 부위를 제거한다면 다른 부분은 맛있게 먹을 수 있다. 그런데 일본의 노토반도에서는 맹독이 함유된 곤이를 먹는다. 1년 정도 소금에 절인 곤이를 물로 헹구어서 소금기를 제거한 뒤, 쌀겨에 다시 1년 정도 재운다고한다. 독성이 없다는 사실을 보건소에서 검증했으며, 가나자와에서는 전철역 매점에서도 판매하고 있다.

복어의 독은 복어가 먹이를 통해 모은 독을 체내에 축적한 것이다. 따라서 독이 든 먹이를 먹을 기회가 없는 양식 복어는 독이 없다고 한다. 하지만 자연산 복어와 양식 복어를 같은 수조에 넣고 기르면 양식 복어에 독이 옮는다고 하니 주의가 필요하다.

패독

많은 조개는 일반적으로 패독이라고 하는 독이 있다. 패독 역시 스스로 만들어낸 독이 아니다. 먹이인 플랑크톤에 함유된 독성분(삭시톡신이나 브레베톡신)을 자신의 몸에 저장하는 것이다.

일본에는 각지의 보건소에서 조개를 검사해 독성분이 규정 농도를 초과했을 때 경보를 발령하는 시스템이 마련되어 있다.

파란고리문어

해산물의 독은 먹었을 경우에만 중독을 일으키는 것이 아니다. 물거나 가시로 찔러서 중독을 일으키는 종류도 있다.

이와 같은 해산물로서 최근 파란고리문어라는 이름을 자주 접하게 된다. 몸길이 10cm 정도의 소형 문어로, 본래 근해에서는 찾아볼 수 없었으나 바닷물이 따뜻해지면서 제주 연안에서도 모습을 드러내기 시작했다. 성미가 거칠어서 화가 나면 온몸에 파란 고리 형태의 무늬가 나타나기 때문에 파란고리문어라고 불린다.

독성분은 복어와 동일한 테트로도톡신이다. 물리면 이 독이 상처를 통해 주입되고, 먹으면 당연히 복어를 먹었을 때와 같은 사태가 발생한다.

해수욕장 같은 곳에서 발견하더라도 절대 잡으려 해서는 안 된다.

21

어떤 금속에 독이 있을까?

차갑게 빛나는 금속이 독과 무슨 상관이 있을까 싶지만 개중에는 공해를 일으키거나 역사를 바꾸어놓은 독을 지닌 금속도 있다.

납Pb

낚싯봉이나 땜납의 원료로 친숙한 납에는 신경독이 들어 있다. 납에 희생되었다고 알려진 역사상 유명 인물로는 로마의 네로 황제가 있다. 네로는 어린 나이에 로마의 황제가 된 걸물이지만 즉위 후 5년이 지나자 로마 시외에 불을 지르는 등 만행을 저지르기 시작했다.

그 원인 중 하나가 납일지도 모른다고 한다. 당시 와인은 포도의 품질이나 제조법 때문에 무척 시었다고 한다. 그래서 와인을 납으로 만든 냄비로 뜨겁게 익혀서 마시는 방식이 생겨났다.

와인의 산미는 타르타르산 때문인데, 타르타르산은 납과 반응하면 타르타르산납으로 변하고, 이 물질은 달콤한 맛이 난다. 이는 혀를 속이기 위해 시큼한 와인에 설탕을 넣는 것과는 전혀 다르다. 시큼한 물질을 달콤하게 바꾸어주는 것이다. 다시 말해 와인이 시큼할수록 달콤해진다는 뜻이다.

베토벤 역시 비슷한 피해를 입었다고 전해진다. 베토벤이 살던 시대에는 와인에 백분(탄산납)$PbCO_3$을 뿌려서 마시는 방식이 널리 알려져 있었다. 하필이면 베토벤은 이 방식을 즐겼고, 그 결과 만년에 난청으로 고통을 겪게 되었다.

납은 도자기의 유약에 들어 있기도 하며, 크리스털 잔에는 산화납 PbO_2이 무게로 25~35%나 함유되어 있다. 매실주처럼 산미가 강한 술을 크리스털로 만든 병에 넣어두면 납이 녹을 위험이 있다.

수은Hg

수은은 일본의 구마모토현 미나마타시에서 발생한 미나마타병의 원인 물질로 무척 유명하다. 연안에 세워진 화학비료 제조회사가 화학 반응의 촉매로 사용한 수은이 섞인 폐수를 미나마타만에 폐기했고, 그 수은이 **생물농축**을 통해 물고기를 거쳐 연안 거주민들의 입으로 들어가면서 발생한 사건이다.

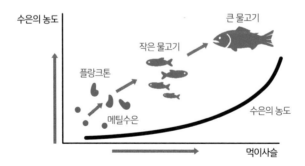

생물의 체내로 유입된 물질은 보통 대사를 통해 몸 밖으로 배설되지만, 일부 물질은 배설되지 않고 장기간에 걸쳐 체내에 축적되는 경우가 있다. 그러한 물질이 먹이사슬을 통해 상위 포식자에게로 이동하면 상위 포식자일수록 축적된 물질의 농도가 높아진다. 이와 같은 현상을 생물농축이라 부른다.

생물농축

수은은 중국의 황제들이 애용한 '불로불사의 약'에도 함유되어 있었던 것으로 유명하다. 어째서 이런 독극물을 마셨을까. 바로 수은의 겉모습 때문이다. 수은은 표면장력이 큰 액체금속이다. 따라서 손바닥에 한 방울 떨어뜨리면 연잎 위의 물방울처럼 반짝반짝 빛나며 쉴 새 없이 움직인다. 그야말로 '살아 움직이는' 듯한 모습이다.

이 수은을 약 400℃로 가열하면 검은 고체인 산화수은으로 변한다. '죽은' 것이다. 그리고 계속 가열하면 분해되어 수은 본연의 모습으로 돌아간다. 다시 말해 '부활, 재생'한 셈이다. 마치 불사조처럼.

중국 황제들이 수은을 마셨던 것은 '이런 물질을 마시면 나도 불사조가 될 수 있다'라는 가련하리만치 단순한 발상에서 비롯된 것이 아닐까. 역대 중국 황제들의 생활사를 꼼꼼하게 적어놓은 기록을 살펴보면 수은 중독으로 사망한 황제를 여럿 찾아낼 수 있다고 한다.

칼럼

'청산가리'

유명한 독으로는 청산가리가 있다. 200mg(0.2g)으로 성인 1명을 죽일 수 있다고 한다. 하지만 청산가리는 인공적인 물질이다. 심지어 일본에서만 연간 3만 톤이나 생산된다고 한다. 대체 무슨 용도일까.

청산가리 수용액은 금을 녹인다. 그렇기 때문에 도금을 하는 데 필수품이다. 또한 금광에서는 금광석에서 금만 녹여 회수하는 데도 청산가리를 사용한다. 여러 물질에는 저마다 독특한 사용법이 있는 것이다.

제 4 장

'공기'의 화학

22

공기는 무엇으로 이루어져 있을까?

우리는 공기에 둘러싸여 살아가고 있다. 공기가 없다면 몇 분도 버티지 못하리라. 이처럼 소중한 공기는 대체 무엇으로 이루어져 있을까.

공기의 성분

공기는 단일한 물질이 아닌 다양한 성분으로 이루어진 혼합물이다. 공기를 구성하는 성분은 주로 질소 분자N_2와 산소 분자O_2다. 그 비율을 부피로 비교하자면 질소가 78.08%, 산소가 20.95%, 아르곤이 0.93%, 이산화탄소가 0.03%다.

수증기도 많은데, 그 비율은 장소나 시간에 따라 크게 달라지는데,

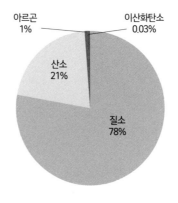

건조 공기의 주요 성분비

가장 많을 때는 4% 정도지만 1%를 밑도는 경우도 있다. 따라서 대기의 성분비는 일반적으로 수증기가 포함되지 않은 '건조 공기'에서의 성분비로 나타낸다.

대기 성분의 수직 구조

한 마디로 공기라 표현하지만 그 성분은 고도에 따라 달라진다. 이는 공기를 구성하는 기체 성분의 무게(밀도나 분자량), 대기의 흐름(기류) 등의 영향 때문이다.

고도에 따라 달라지는 각 층의 특징을 살펴보도록 하자.

a: 대류권(0~9/17km)

기온은 고도가 상승함에 따라 점점 낮아진다. 대류권에서는 지표 온도의 영향을 받아 다양한 기상현상이 발생한다. 중량으로 따졌을 때 대기 성분의 80% 정도가 대류권에 존재한다. 대류권의 두께는 적도 부근에서 17km 정도이며, 극지방에서는 9km 정도로 적도 부근보다 얇다.

b: 성층권(9/17~50km)

대류권과는 반대로 고도가 상승함에 따라 기온이 높아진다. 성층권이라는 명칭에서 대류권처럼 어수선한 층이 아니라 안정적인 층 구조일 듯한 분위기가 느껴진다. 확실히 대류권만큼 기상현상이 활발하지는 않으나 그렇다 해서 아주 안정적인 층 구조는 아니다.

오존홀로 널리 알려졌으며 오존 분자가 많은 오존층은 성층권에 존재한다.

c: 중간권(50~80km)

고도가 상승함에 따라 기온이 낮아진다. 성층권과 중간권은 하나의 대기환경에 섞여 있기 때문에 둘을 묶어서 중층대기라고 부르기도 한다.

d: 열권(80~약 800km)

열권에서는 고도가 상승함에 따라 기온이 높아진다. 다만 이 기온은

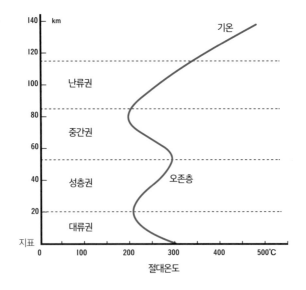

지구 대기의 수직구조

기체분자가 지닌 열에너지로, 온도계에 나타나는 온도를 가리키는 것이 아니다.[1]

국제항공연맹이나 미항공우주국은 편의상 고도 100km 바깥쪽을 우주공간으로 정의하고 있다.

---

1 실제로 열권은 1500℃에 달하기도 하지만 대기의 농도가 희박해 공기 분자가 서로 충돌하는 경우가 극히 적기 때문에 뜨겁다고 느낄 정도의 열을 전달하지 못한다. -옮긴이

23

질소는 어디에 쓰일까?

공기의 부피 중 약 80%를 차지하는 질소가스는 불활성이며 반응성이 희박하기 때문에, 주로 식품과 함께 비닐포장에 넣어 식품의 품질 저하를 방지하는 데 쓰인다.

식물의 3대 영양소

질소는 식물의 성장에 빼놓을 수 없는 물질이다. 식물에는 3대 영양소로 일컬어지는 질소N, 칼륨K, 인P이 함유되어 있다. 그중에서도 잎이나 줄기 등을 형성하는 질소는 중요한 비료로 취급된다.

질소는 공기 중에 질소 분자로 대량 존재한다. 하지만 콩과의 일부 식물을 제외한 식물은 질소 분자를 이용하지 못한다.

식물이 영양분으로, 혹은 인간이 공업 원료로 질소를 사용하려면 질소를 암모니아NH₃와 같은 다른 분자로 바꾸어야만 한다. 이를 **공중 질소 고정**이라 한다.

자연 상태에서 질소 분자는 번개 등의 자연방전을 통해 암모니아로 변환된다. 따라서 번개가 많이 친 해에는 쌀농사가 풍년이다.

공기를 빵으로 바꾸는 방법

이 공중 질소 고정을 인위적으로 실시하는 방법은 1906년, 독일의 화학자인 하버와 보슈가 개발했다.[1] 이 하버 보슈법은 물을 전기분해해 얻은 수소가스와 공기 중의 질소를 500℃, 200~350기압이라는 고온·고압에서 철 화합물을 촉매로 삼아 반응시키는 방법이다.

이와 같은 방식으로 얻어낸 암모니아는 산화되어 **질산HNO₃**이 된다. 질산과 암모니아를 반응시키면 **질산암모늄NH₄NO₃**이, 질산과 칼륨을 반응시키면 **질산칼륨KNO₃**이 되는데, 모두 훌륭한 질소비료다.

현재 지구상에는 77억 명이 살아가고 있는데, 이렇게나 많은 사람들이 식량을 구할 수 있게 된 것은 화학비료나 살충제 같은 농약 덕분이다. 다시 말해 **하버 보슈법은 '공기를 빵으로 바꾸는 방법'**인 셈이다.

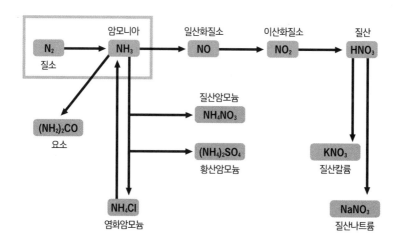

질소의 반응계통도

---

1 프리츠 하버는 1918년, 카를 보슈는 1931년에 노벨화학상을 수상했다. 두 사람 모두 당시 독일의 총통인 히틀러와의 관계가 틀어져 불우한 만년을 보냈다고 한다.

공기를 폭약으로 바꾸는 방법

질산HNO_3은 화학비료 외에도 중요한 용도가 있다. 바로 폭약이다.

총의 발사약이나 폭탄에 사용되는 화약인 트리니트로톨루엔(TNT)은 톨루엔[2]에 질산을 작용시켜서 만든다. 그리고 다이너마이트의 원료인 니트로글리세린은 글리세린[3]에 질산을 반응시킨 결과다. 총의 발사약이나 불꽃놀이에 쓰이는 흑색화약은 목탄C과 황S에 초석을 섞은 혼합물로, 초석은 질산과 칼륨을 반응시켜 만든다.

과거 사람의 소변에서 만들어졌던 초석은 귀중한 물질이었다. 초석 없이는 전쟁을 벌일 수 없다. 그런데 하버 보슈법 덕분에 초석은 물론이거니와 TNT, 다이너마이트 모두 무한정 생산할 수 있게 된 것이다.

제1차 세계대전에서 독일군이 이용한 화약의 대부분은 하버 보슈법으로 만들어졌다고 한다. 제2차 세계대전이라는 이제껏 겪어보지 못한 대규모 전쟁이 발생한 것도, 현재 세계 각지에서 국지전이 벌어지고 있는 것도 하버 보슈법 때문이라고 할 수 있겠다.

---

2 톨루엔은 탄소(C) 7개, 수소(H) 8개로 구성된 냄새가 강렬한 분자로, 흔히 말하는 시너 냄새의 주된 성분이다.

3 글리세린은 식품첨가물로서 감미료, 보존료, 보습제, 증점안정제 등에 이용된다. 의약품이나 화장품에는 보습제와 윤활제로 이용된다.

기체 분자의 비행 속도는 얼마나 빠를까?

물은 온도와 압력에 따라 고체(얼음), 액체, 기체(수증기)가 된다. 각각을 '물질의 상태'라고 부르는데, 모든 물질은 온도와 압력에 따라 상태를 변화시킨다.

물질의 상태와 규칙성

고체 상태의 물질은 모든 분자가 반듯하게 쌓여서 위치와 방향의 규칙성을 유지하고 있다. 하지만 액체가 되면 분자는 이 규칙성을 잃고 이동하기 시작한다. 다만 분자 간의 거리는 고체 상태와 딱히 다르지 않다. 따라서 액체의 부피와 밀도는 고체와 별다른 차이가 없다.

하지만 기체가 되면 분자는 서로에게서 멀리 떨어져 날아다니기 시작한다. 마치 비행기처럼 날아다니는 셈이다. 그 속도는 절대온도(섭씨온도 + 273℃)의 √(루트)에 비례하며 기체 분자의 분자량의 √에 반비례한다.

25℃에서 몇 가지 기체 분자의 비행 속도를 살펴보면 수소가 시속 6930km, 산소가 시속 1700km다. 여객기의 비행 속도가 시속 800~900km이니 2배에서 10배 가까이 빠른 셈이다.

기체의 부피

날아다니는 기체 분자는 서로 충돌하고, 벽이나 우리에게도 날아와

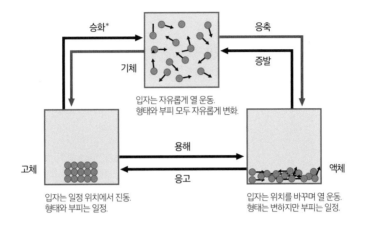

입자는 자유롭게 열 운동.
형태와 부피 모두 자유롭게 변화.

입자는 일정 위치에서 진동.
형태와 부피는 일정.

입자는 위치를 바꾸며 열 운동.
형태는 변하지만 부피는 일정.

물질의 상태 변화

부딪힌다. 그 충돌의 충격을 우리는 압력으로 받아들인다.

기체를 풍선에 넣으면 기체는 풍선의 고무막을 들이받아 풍선을 부풀린다. 하지만 기체를 더 이상 넣지 않는데도 풍선이 끝없이 부풀어 오르다 급기야 터져버리는 일은 없다. 풍선의 바깥쪽에 존재하는 공기 분자가 풍선을 바깥쪽에서 누르기 때문이다.

이 안쪽에서 넓어지려는 힘과 바깥쪽에서 짓누르는 힘(1기압)이 균형을 이룬 시점에서 풍선의 크기는 일정해진다. 이때 풍선의 부피를 기체의 부피라고 한다. 따라서 기체의 부피에서 기체 분자가 차지하는 부피는 극히 일부로, 대부분은 진공의 부피인 셈이다.

동일한 개수의 분자로 이루어진 기체의 부피는 모두 동일하다

연필에 1다스라는 단위가 있듯이 분자에는 1몰(mol)이라는 단위가 있다. 1다스는 12개지만 1몰은 무려 6×10^{23}개나 된다.

1몰의 분자는 무게가 분자량(에 g를 붙인 것)과 동일하다는 사실이 알려진 바 있다. 그리고 1몰의 기체는 부피가 '기체의 종류와 무관하게' 1기압 0℃에서 22.4L라는 사실이 알려져 있다. 어째서 기체의 부피는 기체의 종류와 무관한 것일까.

물을 예로 들어 생각해보자. 물의 분자량은 18이니 물 1몰의 부피는 18ml, 0.018L다. 이것이 물 분자의 실제 부피에 가까운 수치로 받아들여진다.

그런데 이 물을 수증기로 바꾸면 1기압 0℃에서 22.4L가 된다. 즉, 이 기체를 차지하는 물 분자의 실제 부피(18ml)는 0.08%에 불과하다. 물 분자의 실제 부피는 기체의 부피에 거의 영향을 미치지 않는다. 따라서 '기체의 부피는 기체의 종류와 무관한' 것이다.

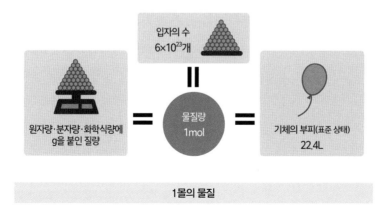

입자의 수
6×10^{23}개

=

물질량
1mol

=

기체의 부피(표준 상태)
22.4L

원자량·분자량·화학식량에 g를 붙인 질량

1몰의 물질

25

오존홀이란 무엇일까?

지구를 둘러싼 오존층에 '오존홀'이라 불리는 구멍이 뚫리면서 그 구멍을 통해 유해한 우주선 (Cosmic rays)이 침입하기 시작했다. 그 결과 피부암이나 백내장 환자가 늘어나고 있다.

우주의 기원

우주는 원자핵반응으로 이루어져 있다. 우주의 탄생은 지금으로부터 138억 년 전에 벌어진 빅뱅이라는 대폭발 때문이다. 이 폭발로 인해 폭발의 파편인 수소 원자가 흩뿌려졌다. 안개처럼 흩날린 수소 원자는 구름처럼 농도가 짙은 부분이 생겨났다. 중력이 강한 이곳은 더욱 많은 수소 원자를 끌어들이며 압력이 높아졌고, 이윽고 단열압축이나 원자 간의 마찰 등을 통해 뜨거워졌다.

이와 같은 고압, 고온의 환경에서 수소 원자는 2원자가 융합해 새로운 1원자, 즉 헬륨 원자를 낳았다. 이 반응은 원자핵융합이라 불리는 발열반응으로, 주변에 열과 빛이라는 형태로 막대한 에너지를 방출했다. 이것이 항성의 모습이자 항성의 일원인 태양의 모습이기도 하다.

오존층

이와 같은 항성, 태양에서는 우주선이라 불리는 고에너지의 물질, 혹은 전자파를 우주로 방출하는데, 그 일부는 지구까지 다다른다.

막대한 에너지를 지닌 우주선의 파괴력은 만약 우주선이 그대로 지구의 지표에 도달한다면 모든 생물을 멸종시킬 수 있을 정도다. 아니, 멸종 이전에 애당초 지구상에는 생명체가 생겨나지 못했을 것이다.

하지만 실제로 지구 표면에서는 인류를 비롯한 다채로운 생명체가 삶을 이어나가고 있다. 어째서일까.

바로 오존층이라는 천연 방벽이 우주선을 막아주고 있기 때문이다.

오존층이란 지구를 둘러싼 대기 중 성층권이라 불리는 부분의 일부로, 고도 20~50km에 해당하는 부분이다. 이 부분에는 오존이라는 분자가 특히 많다.

산소 원자는 2개가 결합해 평범한 산소 분자O_2를 만들어낸다. 하지만 산소 원자가 3개 결합해 오존 분자O_3가 되기도 한다. 오존은 농도가 짙을 때 다소 푸른색을 띠며 비릿한 냄새가 나는 기체다. 이 오존이 우주선을 차단해주는 것이다.

오존홀

그런데 1985년경, 남극 상공에서 오존층이 없는 지점이 발견되었다. 바로 오존홀이다. 연구 결과, 오존홀은 당시 널리 사용되던, 탄소, 플루오르, 염소로 이루어진 프레온 때문에 생겨났다는 사실이 밝혀졌다.

프레온은 인류가 만들어낸 화학물질로, 자연계에서는 존재하지 않는다. 프레온에는 다양한 종류가 있지만 대부분은 끓는점이 낮은, 다시 말해 쉽게 증발하는 액체다. 따라서 자동차 에어컨의 냉매, 발포제, 혹은

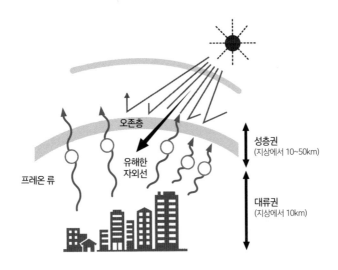

프레온이 파괴하는 오존층

전자부품의 세정제로 대량 생산·사용되었다.

　프레온과 오존홀의 인과관계가 명확해지자 선진국 사이에서는 곧
바로 프레온의 제조와 사용을 줄이자는 약속이 체결되었다. 그 덕분
에 현재는 피해가 줄어드는 추세라고 한다. 하지만 방심하기에는 아직
이르다.

26

온실가스란 무엇일까?

지구는 해마다 따뜻해지고 있다. 바닷물의 열팽창으로 21세기 말이면 해수면은 50cm나 높아질 것이라 한다. 전 세계의 대도시는 대부분 해발 수십cm의 저지대에 있으므로 보통 일이 아니다.

기적의 행성

지구는 태양에서 끊임없이 열에너지와 빛에너지를 받고 있다. 그 일부는 지표를 데우고, 식물의 광합성 에너지로 이용된다. 하지만 거의 대부분은 머잖아 우주로 흩어진다. 그 결과, 지구상에 남는 에너지는

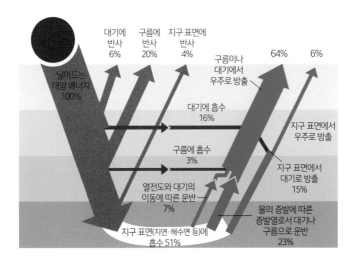

지구의 에너지 입출

결국 0이 된다. 만약 그러지 않는다면 지구상에는 해마다 에너지가 축적될 것이다. 그러다 끝내 지표는 그 열에너지에 녹아 용암이 되고, 지구는 탄생했을 때와 같은 용암 덩어리로 변하고 말 것이다.

그렇게 되지 않는 이유는 지구상에 축적되는 에너지의 균형이 교묘하게 플러스 마이너스 0을 유지하고 있어서 뜨겁지도 않거니와 차갑지도 않기 때문이다. 생각해보면 지구는 터무니없이 정교한 에너지 균형 위에 세워진 기적의 행성이라 부를 만하다.

온실가스

그러나 최근 지구의 온도는 상승하고 있다. 그 원인에는 여러 설이 있지만 온실가스 때문이라는 설이 유력해지고 있다.

온실가스의 특징

온실가스		지구온난화 계수	성질	용도·배출원
CO_2 이산화탄소		1	대표적인 온실가스	화석연료의 연소 등
CH_4 메탄		23	천연가스의 주성분으로, 상온에서 기체. 잘 탄다.	벼농사, 가축의 장내 발효, 폐기물의 매립 등
N_2O 일산화이질소		296	여러 질소산화물 중에서 가장 안정된 물질. 다른 질소산화물(예를 들어, 이산화질소)과 같은 해는 없다.	연료의 연소, 공업 과정 등
오존층을 파괴하는 프레온 류	CFC, HCFC 류	수천~수만	염소 등을 함유한 오존층 파괴 물질로, 동시에 강력한 온실가스. 몬트리올 의정서에서 생산과 소비를 규제	스프레이, 에어컨이나 냉장고 등의 냉매, 반도체 세정, 건물의 단열재 등

온실가스란 열을 간직하는 성질이 있는 가스(기체)를 말한다. 기체의 온실효과는 지구온난화 계수로 화학적으로 계측하고 있다. 이는 이산화탄소를 기준으로 삼아 상대적인 수치로 나타낸다.

기준인 이산화탄소는 물론 1이다. 그런데 문제가 될 법한 다른 기체는 모두 이산화탄소보다 수치가 높다. 도시가스의 주성분인 메탄은 23이다. 오존홀로 알려진 프레온에 이르러서는 수천에서 1만에 달한다.

지구온난화의 진짜 원인

지구에서는 차가운 빙하기와 따뜻한 간빙기가 반복되고 있다. 현재는 간빙기이니 따뜻한 것은 당연하다. 게다가 과거의 빙하기와 간빙기의 길이는 제각기 달라, 현재까지 규칙성은 발견되지 않았다.

다시 말해 현재의 간빙기가 앞으로 몇 만 년 넘게 이어질지, 아니면 수천 년이면 막을 내릴지는 아무도 모른다. 지금이 따뜻한 이유는 간빙기가 지속될 전조인지, 아니면 이산화탄소 때문인지는 명확한 답을 내릴 수 없다는 뜻이다.

빙하기와 간빙기

그렇다고는 하나 대부분의 과학자들은 이산화탄소의 발생을 줄이는 데 찬성하고 있다. 이는 과거의 역사를 미루어보았을 때 이렇게나 이산화탄소가 급격하게 증가한 시대는 없었기 때문이다. 현대는 인류가 이제껏 밟아보지 못한 영역으로 진입하려는 중일지도 모른다.

27 석유가 타면 이산화탄소가 얼마나 발생할까?

이산화탄소를 줄이려면 화석연료의 사용을 자제해야 한다고 한다. 그렇다면 석유를 태웠을 때는
도대체 이산화탄소가 얼마나 발생하는 것일까.

석유의 연소와 이산화탄소

지구에는 태양열이 내리쬐지만 그 열은 얼마 안 있어 우주 공간으로 방출될 뿐 지구에 축적되지는 않는다. 그래서 지구는 항상 같은 온도를 유지할 수 있는 것이다. 만약 태양에서 날아드는 열을 간직했다간 지구의 온도는 계속해서 상승할 테고, 언젠가 용암 덩어리로 변해버릴지도 모른다.

그런데 이산화탄소와 같이 온실가스라 불리는 물질은 열을 간직하는 성질이 있다. 따라서 대기 중 이산화탄소 농도가 높아지면 지구의 온도 역시 상승하게 된다.

온실효과가 있는 기체는 이산화탄소뿐만이 아니다. 지구에 영향을 끼치는 온실효과 중 이산화탄소가 원인인 경우는 3분의 1에 불과하다고 한다. 절반 이상인 3분의 2는 수증기 때문이다.

하지만 수증기가 되는 물은 바다에 가득 채워져 있다. 바다에서 증발하는 방대한 양의 수증기는 인간의 힘으로는 손쓸 도리가 없다. 인간의 노력으로 줄일 수 있는 것은 고작 이산화탄소뿐이다.

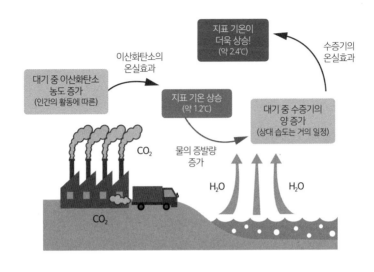

온난화의 원인

게다가 수증기의 발생량은 지구의 온도에 따른다. 이산화탄소를 줄여서 지구의 온도를 낮춘다면 결과적으로 수증기의 양 역시 줄어들게 된다.

이산화탄소의 발생량

석유가 타면 어느 정도의 이산화탄소가 발생하는지 간단한 계산으로 구해보자. 석유의 구조는 단순하다. 오른쪽 표와 같이 기본적으로는 CH_2 단위가 일정 개수(n개)로 늘어선 구조다. 이 CH_2 단위가 1개라면 천연가스인 메탄CH_4, 3개라면 프로판$CH_3CH_2CH_3$가스, 4개라면 가스라이터에서 쓰는 부탄가스, 여기서 8개 정도까지 늘어나면 휘발유, 8~12개 정도라면 등유가 된다. 그 이상은 중유다.

이 CH_2 단위를 하나 태우면 1개의 CO_2와 1개의 H_2O가 된다. 다시 말해 n개의 CH_2 단위가 배열된 석유가 타면 n개의 이산화탄소가 발생한다는 뜻이다.

분자량을 계산하면 CH_2 단위의 분자량은 $12+1×2=14$다. 석유의 분자량은 이것의 n배이니 14n이 된다. 한편 이산화탄소의 분자량은 $12+16×2=44$다. 그러므로 발생한 n개의 이산화탄소의 모든 분자량

탄소수	분자식	명칭	화학식
1	CH_4	메탄	CH_4
2	C_2H_6	에탄	CH_3CH_3
3	C_3H_8	프로판	$CH_3CH_2CH_3$
4	C_4H_{10}	부탄	$CH_3(CH_2)_2CH_3$
5	C_5H_{12}	펜탄	$CH_3(CH_2)_3CH_3$
6	C_6H_{14}	헥산	$CH_3(CH_2)_4CH_3$
7	C_7H_{16}	헵탄	$CH_3(CH_2)_5CH_3$
8	C_8H_{18}	옥탄	$CH_3(CH_2)_6CH_3$
9	C_9H_{20}	노난	$CH_3(CH_2)_7CH3_3$
10	$C_{10}H_{22}$	데칸	$CH_3(CH_2)_8CH_3$
11	$C_{11}H_{24}$	운데칸	$CH_3(CH_2)_9CH_3$
12	$C_{12}H_{26}$	도데칸	$CH_3(CH_2)_{10}CH_3$
20	$C_{20}H_{42}$	에이코산	$CH_3(CH_2)_{18}CH_3$

은 44n이 된다. 이는 무게 14n의 석유가 타면 무게 44n의 이산화탄소가 발생함을 의미한다.

즉, 불에 탄 석유보다 약 3배나 많은 양의 이산화탄소가 발생하는 셈이다. 가정용 20L들이 물통(석유의 비중을 0.7로 잡으면 약 14kg)으로 석유가 한 통 타면 44kg의 이산화탄소가 발생하는 셈이다.

석유에서 얼마나 많은 이산화탄소가 발생하는지가 여실히 드러난다. '석유가 탔을 때 발생하는 것은 기체이니 무게는 없어지는 게 아니냐'는 둥, 태평한 소리를 늘어놓을 상황이 아닌 것이다.

28

드라이아이스에서 나오는 이산화탄소는 위험할까?

잘 알려진 탄소 산화물로는 일산화탄소와 이산화탄소가 있다. 그중 일산화탄소가 유독하다는 사실은 널리 알려져 있다. 그렇다면 이산화탄소는 어떨까.

이산화탄소의 유해성

이산화탄소 역시 약하지만 독성이 있다. 바로 질식성 독이다. 농도가 3~4%를 넘으면 두통·현기증·구역질 등이 발생하며, 7%를 넘으면 몇 분 만에 의식을 잃게 된다. 이러한 상태가 지속되면 마취작용에 따라 호흡중추가 억제되고, 끝내 목숨을 잃게 된다.

이산화탄소는 탄소의 완전연소를 통해서 발생한다. 산소가 적은 상태에서 탄소를 불완전연소시키면 맹독인 일산화탄소가 발생하지만 산소가 충분

이산화탄소의 농도가 인체에 끼치는 영향

이산화탄소의 농도(%)	증상이 나타나기까지 이산화탄소에 노출된 시간	인체에 끼치는 영향
2~3%	5~10분	호흡의 깊이와 횟수 증가
3~4%	10~30분	두통, 현기증, 구역질, 지각 저하
4~6%	5~10분	위의 증상, 과호흡에 따른 불쾌감
6~8%	10~60분	의식 수준 저하, 이후 의식 상실로 진행, 떨림, 경련 등의 불수의운동을 동반하기도 한다.

한 곳에서 연소시키면 이산화탄소가 발생한다. 둘 다 위험한 물질이니 아무튼 좁은 공간에서 숯을 태우는 행위는 삼가야 한다.

이산화탄소의 발생원은 그 외에도 존재한다. 바로 드라이아이스다. 드라이아이스는 이산화탄소의 결정이므로 아이스박스에 넣어둔 드라이아이스나 아이스크림의 냉각제로 받아온 드라이아이스가 녹으면(승화하면) 이산화탄소로 변한다.

자동차와 같은 좁은 공간에 드라이아이스를 대량 놓아두면 위험하다. 예를 들어, 승용실 용적이 2000L인 밀폐된 차 안에 방치한 350g(220ml)의 드라이아이스가 모두 기체로 변했을 경우 차 안의 이산화탄소 농도는 약 10%로, 중독을 일으켜 의식 불명에 빠질 위험성이 있다.

특히 주의해야 할 점은 **이산화탄소가 공기보다 무겁다**[1]는 사실이다. 따라서 발생한 이산화탄소는 아래쪽에 고이게 된다. 어머니는 아무렇지 않더라도 무릎 위에서 자고 있는 아기는 위험한 것이다.

폭발·동상

드라이아이스를 밀폐용기에 넣는 행위는 대단히 위험하다. 드라이아이스가 든 페트병을 가지고 놀던 중, 이산화탄소가 승화하면서 내부의 압력이 높아진 상태에서 미약한 충격에 페트병이 터지며 얼굴에 심각한 상처를 입는 사고가 자주 발생하고 있다. 날아온 페트병 뚜껑에 눈

---

1 공기의 분자량은 28.8, 이산화탄소의 분자량은 44.

을 맞아 시력을 잃은 사고도 있다. 유리병에 드라이아이스를 집어넣는 행위 역시 대단히 위험하니 삼가도록 하자.[2]

드라이아이스의 온도는 −78.5℃다. 살짝 만진 정도라면 승화한 이산화탄소가 드라이아이스와 손 사이에 끼어들어 완충재로 작용하므로 별다른 일은 발생하지 않는다. 하지만 오랫동안 만지거나 젖은 손으로 만졌다간 동상에 걸릴 가능성이 있다.

드라이아이스는 친숙한 물질이지만 위험하기 때문에 조심, 또 조심하자.

드라이아이스의 특성과 사고 내용

	드라이아이스의 특성	사고 내용
(1)	매우 온도가 낮은 물질이다. ⟶ −78.5℃	접촉에 따른 동상
(2)	금세 기체로 변해 팽창한다. ⟶ 부피가 약 750배로 팽창한다.	밀폐용기의 파열
(3)	기체로 변한 이산화탄소는 낮은 위치에 고인다. ⟶ 이산화탄소는 공기보다 무겁다.	환기가 잘 되지 않는 곳에서 발생하는 산소 결핍 상태

【대책】

① 직접 만지지 말 것

② 밀폐용기에 넣지 말 것

③ 환기가 잘 되지 않는 밀폐된 공간에서 취급하지 말 것

---

2   드라이아이스가 담긴 잉크병을 관찰하는 중학생 자녀를 뒤에서 지켜보던 어머니가 잉크병이 폭발하면서 흩날린 유리조각에 경동맥이 끊어져 사망한 사고도 있었다.

제 5 장

'물'의 화학

. . . .

29

어째서 소금은 물에 녹는데
버터는 녹지 않을까?

물과 알코올은 한데 섞여서 술이 되지만 물과 기름은 섞이지 않는다. 섞이는 물질과 섞이지 않는
물질이 있는 이유는 무엇일까?

서로 비슷한 물질은 섞인다

2종류 이상의 성분을 지닌 액체를 **용액**이라고 부른다. 용액의 성분 중
녹는 물질을 **용질**, 녹이는 물질을 **용매**라고 한다. 예를 들어, 소금물의 경
우는 소금이 용질, 물이 용매다. 용액에 대해서는 일반적으로 '서로 비
슷한 물질은 섞인다'는 사실이 알려져 있다.

물의 분자식은 H_2O로, 구조식은 H-O-H이지만 수소H와 산소O는 전
자를 끌어당기는 힘에 차이가 있는데, 산소가 더 강하다. 그 결과 산소
는 전자를 끌어당겨 −전하를, 수소는 전자를 빼앗겨 +전하를 띠게 되
므로 $H^+ - O^- - H^+$가 된다. 이처럼 분자 내부에 +부분과 −부분을 지닌
물질을 일반적으로 **이온성 물질**(극성물질)이라 부른다.

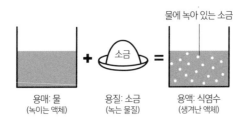

용매: 물   용질: 소금   용액: 식염수
(녹이는 액체)   (녹는 물질)   (생겨난 액체)

물에 녹아 있는 소금

소금(염화나트륨) 역시 이온성 물질로, Na$^+$Cl$^-$의 형태를 이루고 있다. 이처럼 소금과 물은 모두 이온성 물질이라는 점에서 비슷하기 때문에 녹는 것이다.

서로 비슷하지 않은 물질은 섞이지 않는다

반면 유기물인 기름은 이온성 물질이 아니다. 따라서 물과 기름은 섞이지 않으며, 소금은 기름에 녹지 않는다. 하지만 기름과 마찬가지로 유기물인 버터는 기름에 녹는다.

귀금속인 금은 질산과 염산의 1:3 혼합물인 왕수를 제외하면 어떠한 물질에도 녹지 않는다고 알려져 있다. 하지만 사실 수은에는 녹아서 금아말감이라는 진흙 같은 합금이 된다. 그 이유는 액체 형태의 수은이 금과 동일한 금속이기 때문이다. 하지만 수은은 물이나 기름을 녹이지 못한다.

녹는 물질과 녹지 않는 물질

		이온성 NaCl 염화나트륨	유기화합물 버터	금속 Au 금
용매	이온성 H$_2$O 물	○	×	×
	유기화합물 기름	×	○	×
	금속 Hg 수은	×	×	○

금도금

일본 나라시의 대불은 현재 청동 피부가 드러나 초콜릿색을 띠고 있지만, 창건된 8세기에는 금으로 도금되어 반짝반짝 빛나고 있었다. 전기가 없었던 8세기에 무슨 수로 도금을 했을까.[1]

전기가 없더라도 도금은 가능하다. 바로 금아말감을 사용하는 것이다. 아말감은 수은과 다른 금속의 합금을 두루 일컫는 명칭으로, 금아말감은 고대부터 도금에 이용되어왔다.

금과 수은을 일정한 비율로 섞은 아말감을 구리로 만든 대불의 표면에 바른 뒤, 내부에서 숯불로 대불을 가열한다. 그러면 끓는점이 357℃밖에 되지 않는 수은은 기체로 변해 증발하고 아말감에서 분리된다. 그 결과, 대불의 표면에는 금만 남아 금도금이 입혀지게 되는 것이다.

하지만 증발한 수은은 기체로 변해 대기에 섞이고, 빗물과 함께 지상으로 내려와 땅속에 침투했을 것이다. 공해병인 미나마타병에서 알 수 있듯이 수은은 매우 유해한 금속이다. 수은에 오염된 도읍지 나라에서는 온갖 수은 공해가 발생하지 않았을까. 80년 후, 일본의 도읍이 나라에서 나가오카쿄로 옮겨진 사실에는 이와 같은 배경이 있었을지도 모른다.

---

1 도금은 금속이나 수지 등 소재의 표면에 구리, 니켈, 크로뮴, 금과 같은 금속의 얇은 피막을 입히는 기술이다. 전기 에너지를 이용해 용액 중의 금속 이온을 환원해 소재에 피막을 형성시키는 방식이 일반적이다.

30

금붕어는 왜 수면에서 입을 뻐끔거릴까?

어항 속에서 생활하는 금붕어가 이상한 행동을 보인다면 어항 내부의 환경에 어떠한 변화가 발생했을 가능성이 있다. 입을 뻐끔거리는 경우가 많은데, 대체 무슨 일이 벌어진 것일까.

용해도

금붕어가 입을 뻐끔거리는 이유는 먹이를 찾기 위해서가 아니다. 산소를 찾기 위해서다.

금붕어도 동물의 일종이니 산소 없이는 살아갈 수 없다. 금붕어는 물속에 녹아든 산소를 마시며 살아간다. 그런 물속의 산소가 줄어들면 금붕어는 공기 중의 산소를 찾아서 물 밖으로 입을 내밀어 뻐끔 뻐끔 공기를 들이마시는 것이다.

일정량의 용매에 녹는 용질의 양을 **용해도**라고 부른다. 다음 페이지 그래프 A에는 소금(염화나트륨)이나 질산칼륨과 같은 결정(고체)의 용해도가 온도에 따라 어떻게 변하는지가 나타나 있다.

염화나트륨이나 수산화칼슘은 온도가 변하더라도 용해도에 두드러진 변화가 없다. 하지만 그 외의 예에서는 온도가 높아지면 용해도 역

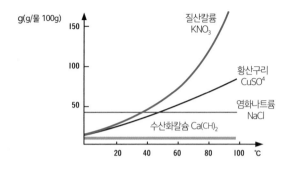

그래프 A

시 상승한다. 이는 일상생활에서도 체험할 수 있는 현상이다. 설탕을 녹일 때는 차가운 물보다 뜨거운 물에 더 잘 녹는다.

기체의 용해도

그래프 B에는 기체의 용해도가 온도에 따라 어떻게 변하는지가 나타나 있다. 기체의 용해도 그래프는 우측으로 갈수록 낮아진다. 다시 말해 온도가 높아지면 용해도는 낮아진다는 뜻이다.

금붕어가 입을 뻐끔거린 원인은 여기에 있다. 물의 온도가 상승했을 때 산소의 용해도가 확연히 낮아져 있음을 알 수 있다. 여름에는 어항의 수온이 오르게 되고, 그러면 물속의 산소(용존산소) 역시 감소하고 만다. 그 결과, 산소 부족 상태에 빠진 금붕어는 괴로운 나머지 산소를 마시기 위해 입을 내밀어 공기를 빨아들이는 것이다.

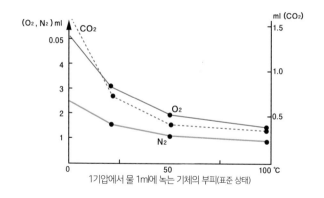

그래프 B

욕조에 들어갔을 때 벌어지는 괴현상

뜨거운 물이 채워진 욕조에 들어갔을 때 몸의 털 끝에 작은 거품이 잔뜩 들러붙어 몸이 은색으로 반짝이는 경험을 한 적이 있을 것이다. 이 또한 기체의 용해도와 관련된 현상이다.

찬 물을 데우면 공기의 용해도가 낮아진다. 다시 말해 욕조의 뜨거운 물에는 한도 이상으로 공기가 녹아 있는 셈이다. 이와 같은 상태를 **과포화**라고 한다. 과포화 상태를 자극하면 채 녹지 못한 기체가 거품으로 빠져나온다. 이것이 바로 털 끝에 들러붙는 작은 거품이다.

하지만 이 현상은 처음 욕조에 들어갔을 때에만 발생한다. 다시 들어갔을 때는 물속의 잉여 공기가 이미 거품으로 변해 빠져나간 뒤이므로 다시금 거품이 발생하지는 않는다. 아무리 사소한 자연현상이라도 모두 합리적인 이유가 있는 법이다.

31

워터오븐은 어떻게 물로 생선을 구울까?

물을 이용한 워터오븐은 물로 생선을 구울 수 있다고 한다. 이 워터오븐의 원리는 발열내의의 원리와 동일하다. 대체 어떠한 구조로 되어 있는 걸까.

상태 변화

물로 생선을 '끓인다'면 또 모를까, 물로 생선을 '굽는다'니 대체 무슨 말일까. 사실 워터오븐의 원리는 '물'이라기보다는 '수증기'로 생선을 굽는 것이다. 어떠한 물질이든 마찬가지지만 물 역시 압력과 온도에 따라 상태가 변한다.

1기압 상태일 때 0℃(녹는점) 이하에서는 '결정 상태'인 얼음이, 0~100℃(끓는점) 사이에서는 '액체 상태'인 물이, 그리고 100℃ 이상에서는 '기체 상태'인 수증기가 된다.

'기체 상태의 물', 다시 말해 수증기는 '액체 상태의 물'과는 전혀 다르다. 공기와 마찬가지로 기체인 것이다. 이와 같은 변화를 일반적으로 상태 변화라고 부른다.

얼음	물	수증기
	0℃	100℃

과열 수증기

일반적인 기체와 마찬가지로 수증기 역시 200℃로든 500℃로든 가열할 수 있다. 이와 같은 고온의 수증기를 따로 과열 수증기라 부른다.

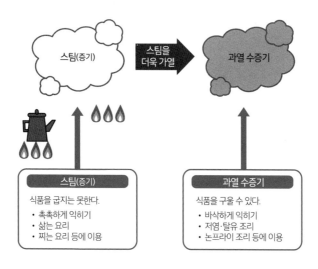

스팀(증기)

스팀을
더욱 가열

과열 수증기

스팀(증기)

식품을 굽지는 못한다.
• 촉촉하게 익히기
• 삶는 요리
• 찌는 요리 등에 이용

과열 수증기

식품을 구울 수 있다.
• 바삭하게 익히기
• 저염·탈유 조리
• 논프라이 조리 등에 이용

스팀과 과열 수증기의 차이

워터오븐에서는 같은 '물'이라도 액체 상태의 물이 아니라 이 과열 수증기를 사용한다. 다시 말해 평범한 오븐이 고온으로 가열한 '기체 상태의 공기'를 사용해 식품을 가열하는 데 비해, 워터오븐은 고온으로 가열한 '기체 상태의 물(수증기)'을 이용해 식품을 가열하는 셈이니 그렇게까지 엉뚱한 소리도 아니다.

응축열

하지만 그게 전부라면 굳이 수증기가 아니라도 공기를 사용하면 그만이다. 수증기를 사용하는 데는 특별한 이유가 있지 않을까. 그 열쇠가 바로 **응축열**이다.

여름에 길이나 바닥에 물을 뿌리면 시원해진다. 이는 물이 기화해 수증기가 될 때 기화열(증발열)을 빼앗기 때문이다. 100℃의 물 1g이 기화해 100℃의 수증기가 될 때에는 540cal의 열을 빼앗는다.

응축열은 이와 반대되는 열이다. 다시 말해 100℃의 수증기 1g이 100℃의 물이 될 때 540cal의 열을 방출한다는 뜻이다.

즉, 고온의 수증기로 가열하면 수증기 자체의 열뿐만 아니라, 수증기가 식품에 들러붙어 액체 상태인 물로 돌아갈 때 식품에 1g당 540cal의 열을 가해 '추가로' 가열해준다는 말이다. 이것이 이른바 워터오븐의 '진정한 가치' 되겠다.

응축열을 이용해 데우는 원리는 속옷인 발열내의 역시 동일하다. 수증기로 발산된 땀이 물로 돌아갈 때 방출하는 응축열을 이용해 몸을 덥혀주는 것이다.

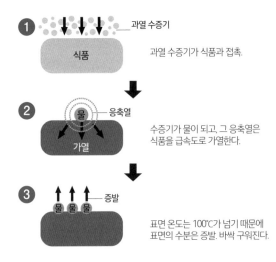

과열 수증기가 식품을 가열하는 구조

32

콘크리트를 만들 때 사용한 물은 어떻게 될까?

콘크리트는 물이나 시멘트 따위를 섞어서 만드는데, 이때 사용한 물은 어떻게 될까. 물이 마르면
서 굳을 것 같지만 실제로는 그렇지 않다.

시멘트의 성분

콘크리트는 회색 시멘트(시멘트 가루), 모래, 자갈, 물을 섞어서 만든
다. 시멘트, 모래, 자갈, 물의 부피비는 약 1:3:6:0.6이다. 철근을 조립
한 틀에 이것을 붓고 며칠 정도 방치하면 거의 완성된다.

시멘트는 석회석(탄산칼슘)에 점토(알루미늄이나 이산화규소 등의 혼합
물), 규석(이산화규소), 산화철 등을 잘게 부수어 혼합한 뒤, 가마에 구
워서 클링커라 부르는 시멘트의 전 단계에 해당하는 물질을 만든다.
이 클링커에 석고 등을 첨가해 가루 형태가 될 때까지 잘게 부순 것
이 바로 시멘트다.

가마에서 구울 때 석회석은 이산화탄소를 방출하며 분해되어 산
화칼슘(생석회)이 된다. 이때 방출되는 이산화탄소의 무게는 석회석
무게의 44%나 된다. 따라서 시멘트 생산은 이산화탄소 배출 산업이
라 불리기도 한다.

$$CaCO_3 \longrightarrow CaO + CO_2$$
(석회석)   (생석회)

최근에는 천연자원의 사용을 줄이기 위해 점토를 대신해 화력발전소에서 태운 석탄재나 제철소에서 철을 추출하고 남은 철광석 폐기물, 혹은 건설 현장에서 나온 흙 등을 이용하려 시도하고 있다.

콘크리트가 굳는 이유

물을 넣어서 만든 콘크리트가 굳는 것은 물이 증발했기 때문이라 생각할지도 모르나, 실제로는 그렇지 않다. 콘크리트에서 물이 빠져나가면 본래의 시멘트와 모래, 자갈로 돌아갈 뿐이다. **콘크리트가 굳는 것은 물과 시멘트에 따른 화학반응 덕분**이다.

시멘트와 물을 섞으면 둘은 격렬한 화학반응을 일으키며 열을 발생시킨다.[1] 이에 대해서는 과거 과자 등의 포장에 건조제로 들어 있던 생석회를 떠올리면 이해하기 쉬울 듯하다. 그 봉지에는 '젖으면 위험'이라 쓰여 있었다. 생석회에 물을 넣으면 강한 열과 함께 소석회(수산화칼슘)가 되는데, 화재를 일으켰던 경우도 있다.

이 반응을 통해 시멘트 수화물이라 불리는 물질이 생겨난다. 시멘트 수화물은 콘크리트 안에서 모래나 자갈을 엉겨 붙게 해주는 접착제와 같은 역할을 맡아 콘크리트를 튼튼하게 만들어준다.

이 반응은 시멘트와 물을 섞으면 순식간에 벌어지는데, 하루가 지나면 시멘트가 굳는다. 일반적인 시멘트를 사용했을 때는 1개월 정도면 대부분의 반응이 끝나 콘크리트가 완성된다.

---

1 이 화학반응을 '수화반응'이라 부른다.

33

산과 알칼리란 무엇일까?

산은 파란 리트머스 시험지를 빨갛게 바꾸는 물질이며, 알칼리는 빨간 리트머스 시험지를 파랗게 바꾸는 물질이라 배웠다. 산과 알칼리란 대체 무엇일까.

물의 분해

물은 안정된 화합물로 좀처럼 분해되지 않으나 극히 적은 양이라면 항상 분해되고 있다. 분해 결과, '같은 수'의 수소 이온H⁺과 수산화 이온OH⁻이 생겨난다.

$$H_2O \longrightarrow H^+ + OH^-$$

이처럼 같은 수의 H⁺와 OH⁻를 만들어내는 물질을 **양성물질**, H⁺과 OH⁻이 같은 수로 존재하는 상태를 **중성**이라고 한다.

산과 알칼리

그런데 물질 중에는 염산HCl처럼 H⁺만을 만들어내는 물질이나 수산화나트륨NaOH처럼 OH⁻만을 만들어내는 물질도 있다. H⁺만을 만들어내는 물질을 **산**, OH⁻만을 만들어내는 물질을 **알칼리**라 부른다. 따라서 산과 알칼리란 '**물질의 종류**'인 셈이다.

산으로는 질산, 황산, 식초에 포함된 아세트산, 탄산음료에 포함된

탄산 등이 있다. 또한 알칼리로는 수산화칼슘(소석회), 탄산나트륨, 탄산수소나트륨(베이킹소다) 등이 있다.[1]

산성과 알칼리성

물에 산을 녹이면 산이 H^+을 내놓으므로 물속의 H^+은 OH^-보다 많아진다. 이러한 상태를 **산성**이라 부른다.

반대로 물에 알칼리를 녹이면 알칼리가 OH^-을 내놓으므로 물속의 OH^-은 H^+보다 많아진다. 이 상태를 **알칼리성**이라고 부른다.

다시 말해 H^+이 많은 상태가 산성, OH^-이 많은 상태가 알칼리성이라는 뜻이다. 따라서 산성, 알칼리성이란 '**용액의 성질**'을 나타내는 표현이다.

pH

용액이 산성인지 알칼리성인지를 나타내는 데는 pH라는 지표를 사용한다. pH=7을 중성으로 보았을 때 pH가 7보다 낮은 상태를 산성, 7보다 높은 상태를 알칼리성으로 보는 것이다.

물론 pH가 낮을수록 강한 산성으로, pH 수치에서 1의 차이가 난다면 H^+의 농도는 10배나 차이가 나는 셈이다. 알칼리성 역시 마찬가지여서, 수치가 크면 클수록 강알칼리성이라는 말이 된다.

수용액의 pH 변화에 따라 색깔이 크게 변하는 물질은 pH 수치를

---

1 최근에는 알칼리라는 용어 대신 염기라고 표현하기도 한다. 엄밀히 따지자면 둘은 다른 개념이지만 간단히 보자면 알칼리는 염기의 일부라 생각해도 무방하다.

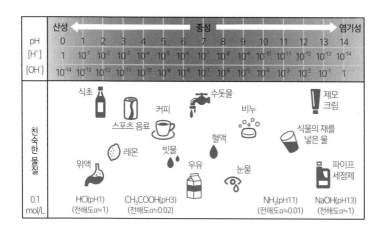

	산성 ←							중성 →						염기성
pH	0	1	2	3	4	5	6	7	8	9	10	11	12	13	14
$[H^+]$	1	10^{-1}	10^{-2}	10^{-3}	10^{-4}	10^{-5}	10^{-6}	10^{-7}	10^{-8}	10^{-9}	10^{-10}	10^{-11}	10^{-12}	10^{-13}	10^{-14}
$[OH^-]$	10^{-14}	10^{-13}	10^{-12}	10^{-11}	10^{-10}	10^{-9}	10^{-8}	10^{-7}	10^{-6}	10^{-5}	10^{-4}	10^{-3}	10^{-2}	10^{-1}	1

친숙한 물질: 식초, 스포츠 음료, 커피, 수돗물, 비누, 제모 크림, 식물의 재를 넣은 물, 위액, 레몬, 빗물, 혈액, 우유, 눈물, 파이프 세정제

0.1 mol/L : HCl(pH1)(전해도α≒1) CH₃COOH(pH3)(전해도α≒0.02) NH₃(pH11)(전해도α≒0.01) NaOH(pH13)(전해도α≒1)

주변에서 볼 수 있는 수용액의 pH

측정하는 데 쓸 수 있다. 이와 같은 물질을 pH 지시약이라고 한다.

pH 지시약을 활용한 우리 주변의 사례로는 색풀이 있다. 색풀에는 알칼리성에서 파란색, 산성에서 무색이 되는 지시약이 함유되어 있다. 이 풀은 용기에 들어 있을 때는 약알칼리성이므로 파란색을 띠지만 종이에 바르면 공기 중의 이산화탄소와 반응해 알칼리성이 약해지면서 무색으로 변한다.

풀을 바른다   색이 사라진다

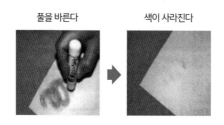

34

산성비가 내리면 어째서 문제일까?

전 지구적인 공해가 문제가 되고 있다. 바로 산성비, 지구온난화, 오존홀이다. 오존홀은 각 방면의 노력으로 점차 잦아들고 있지만 나머지 두 가지 문제는 아직 해결되지 않았다.

산성비란 무엇일까?

비는 구름에서 물방울이 떨어지는 현상이다. 당연히 물방울은 공중, 다시 말해 대기 중을 통과한다. 공기에는 이산화탄소CO_2가 들어 있다. 따라서 빗방울에는 이산화탄소가 녹아들게 된다. 이산화탄소가 물에 녹으면 탄산H_2CO_3으로 변한다. 탄산음료의 원료인 탄산은 새삼 설명할 필요도 없겠지만 시큼한 산이다.

다시 말해 지구상에 내리는 비에는 반드시 탄산이라는 산이 함유된다는 뜻이다. 이는 **모든 비는 산성**임을 의미한다. 비의 pH는 약 5.3 정도로 추정한다. 따라서 특별히 '산성비'라고 하는 비는 pH가 5.3보다 낮은 것이다.

산성비의 원인

그렇다면 비의 pH를 5.3보다 낮추는, 다시 말해 산성을 강화시키는 요인은 무엇일까. 그 요인으로는 두 가지를 생각해볼 수 있다. 바로 SOx와 NOx이다.

석탄, 석유 등의 화석연료에는 불순물로 황화합물과 질소화합물이 함유되어 있다. 황화합물이 타면 황산화물이 생겨난다. 황산화물에는 다양한 종류가 있기 때문에 황S과 x개의 산소O가 결합한 물질을 모두 묶어서 SOx라 표현하기로 한 것이다. 이와 마찬가지로 질소의 산화물은 뭉뚱그려 NOx라고 표현한다.

SOx는 물에 녹으면 황산H_2SO_4으로 대표되는 강산이 된다. 마찬가지로 NOx는 질산HNO_3으로 대표되는 강산이 된다. 다시 말해 화석연료를 태웠을 때 생겨나는 SOx, NOx가 산성비의 원인인 것이다. 요약하자면 **산성비의 원인은 화석연료의 연소**라는 말이 된다.

산성비의 영향

산성비의 영향은 다방면에서 나타나고 있다. 간단한 예로는 야외에

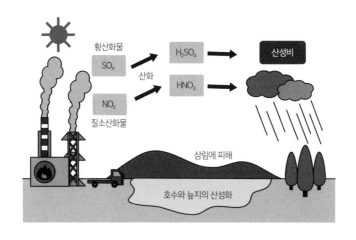

산성비의 구조

놓아둔 금속제품이 녹이 스는 현상이 있다. 수백 년 넘게 야외에 전시되어온 청동 제품을 녹슬지 않게 하기 위해 실내로 옮기고, 본래의 장소에는 모조품을 전시하는 경우가 많다.

가장 큰 문제는 식물에 끼치는 영향이다. 산림지대의 식물이 산성비의 영향으로 시들어버리면 산은 민둥산으로 변한다. 보수력을 잃은 산에서는 비가 많이 내릴 때마다 홍수가 발생하고, 산 표면의 토양이 떠내려간다. 이후로 산림지대는 식물을 기를 힘을 잃게 된다.

또한 북유럽이나 북아메리카의 여러 국가에서는 많은 강과 호수가 산성화된 결과, 호수에 따라서는 물고기가 깡그리 자취를 감추는 사태마저 벌어지고 말았다. 강이나 호수가 산성화되면 물고기의 먹이인 수생곤충이나 조개, 갑각류가 줄어든다. 또한 물풀과 같은 수생식물까지 영향을 받게 된다.

이제 남은 것은 사막화로 향하는 길뿐이다. 따라서 현재 지구상 여러 곳에서는 사막화가 진행되고 있다. 이미 지구의 모든 육지 면적 중 4분의 1은 강수량보다 증발량이 많은 사막지대라고 한다.

현재 화학비료, 농약, 녹색 혁명[1] 등을 통해 식량은 간신히 충족되고 있다. 하지만 실제로 지구는 돌이킬 수 없는 지점까지 내몰린 상황이다.

---

1 1940년대부터 60년대에 걸쳐 고수확품종을 도입하고, 화학비료를 대량 투입해 곡물의 생산량이 증가하면서 곡물을 대량으로 증산하는 데 성공한 사실을 가리킨다. 농업혁명 중 하나로 일컬어지기도 한다.

제 6 장

'생명'의 화학

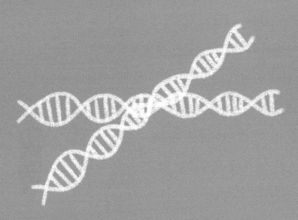

35

세균과 바이러스도 생명체일까?

살아 있는 것은 생명체, 살아 있지 않은 것은 비생명체라고 불린다. 간단해 보이는 구별법이지만 실은 의외로 복잡하다. 어디부터 비생명체이며 어디까지 생명체인 걸까.

생명체의 조건

생물은 다음의 세 가지 조건에 따라 정의할 수 있다.

① 자기복제나 유전이 가능하다(DNA, RNA 등의 핵산을 지님).
② 스스로 에너지를 획득할 수 있다(대사, 호흡이 가능하다).
③ 세포 구조를 지닌다.

흔히들 말하는 세균은 단세포생물로, 이 세 가지 조건을 모두 충족한다. 따라서 의심할 여지없이 생물이라 할 수 있다.

그렇다면 바이러스는 어떨까. 우선 ②, 애당초 바이러스는 자력으로 에너지를 획득하지 못한다. 숙주에서 에너지를 얻어야만 활동할 수 있으며, 숙주에 기생하지 않고서는 살아가지 못한다.

생명체 균 or V not 생명체?

124

바이러스는 비생명체

결정적인 조건은 ③이다. 바이러스는 세포 구조를 지니고 있지 않다. 세포 구조란 세포막으로 둘러싸인 구조를 뜻하는 말로, 생명유지나 유전에 필요한 모든 장치는 세포막의 보호를 받고 있다. 요컨대 이 세포막을 지니고 있지 않다면 세포 구조를 형성할 수 없다는 뜻이다.

조건 ①에 대해 말하자면, 바이러스 역시 DNA, RNA 등의 핵산은 갖추고 있으므로 자기복제가 가능하다. 하지만 세포막이 없기 때문에 세포와 핵 모두 만들어내지 못한다. 따라서 바이러스는 별 수 없이 단백질로 이루어진 용기 안에 핵산을 넣어둔다. 다시 말해 바이러스는 단백질 용기에 들어 있는 핵산인 셈이다.

이렇게 생각해본다면 바이러스는 물질(비생명체)이라는 사실을 받아들일 수 있지 않을까. 그래서 개중에는 결정을 형성하는 바이러스마저 존재한다.

세포막

그렇다면 생명체에 무척이나 중요한 세포막이란 대체 무엇일까. 세포막은 비닐 랩 같은 막이 아니라 비눗방울의 막과 무척 닮았다. 비눗방울은 비누의 분자가 모여서 생겨나는 한편, 세포막은 인지질이라는 지방 같은 분자가 모여서 이루어진 막이다.

막을 형성할 때, 이 분자들은 서로 결합하지 않는다. 그저 모여 있을 뿐이다. 따라서 막 내부를 자유롭게 돌아다닐 수 있으며 자유롭게 막에서 벗어나거나 다시 돌아올 수도 있다.

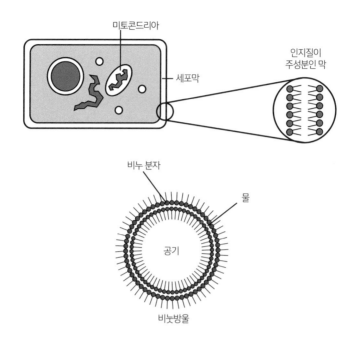

미토콘드리아

인지질이
주성분인 막

세포막

비누 분자

물

공기

비눗방울

세포막의 구조와 비눗방울의 원리

　이러한 자유성이 있기 때문에 세포는 2개로 분열해 증식하거나 외
부의 영양분을 내부로 받아들일 수 있으며, 내부의 노폐물을 외부로
배출할 수도 있다.

　이와 같은 세포막의 역동성이 생명활동이라는 역동적인 활동을
떠받치고 있다 해도 과언이 아닐 것이다. 만약 세포막이 비닐 랩 같
은 막이었다면 생명체처럼 역동적으로 활동하는 존재는 결코 태어
나지 못했을 것이다.

36

왜 식물의 성장에 빛이 필요할까?

식물을 기르려면 반드시 물이 있어야 한다. 또한 햇빛이 잘 들지 않는 곳에 놓아두어도 식물은
잘 자라지 못한다. 식물에게 물과 빛이 필요한 이유는 무엇일까.

광합성

식물에게는 물과 이산화탄소가 식량이다. 다만 이산화탄소는 공기
중에 0.03%의 농도로 함유되어 있으며 공기는 어디에나 존재하므로
굳이 식물에게 이산화탄소를 공급해줄 필요는 없다.

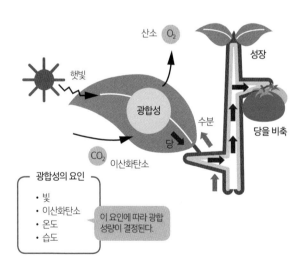

광합성의 원리

그렇다면 빛은 어째서 필요할까. 그 이유는 빛이 '빛에너지'라는 에너지를 지니고 있기 때문이다. 식물은 빛에너지의 힘을 빌려 물과 이산화탄소를 화학적으로 반응시켜서 포도당 등의 당류를 만들어낸다. 이 반응을 광합성이라고 부른다.

광합성을 통해 만들어진 포도당은 또다시 화학반응을 일으켜 수많은 포도당이 결합한 전분이나 셀룰로스 등, 식물의 몸을 형성하는 성분으로 변해간다.

결국 빛이 없다면 식물은 자신의 몸을 형성할 수 없다는 뜻이다.

엽록소

식물이 초록색인 이유는 잎이나 줄기의 세포 안에 엽록체라는 초록색 세포소기관을 지니고 있기 때문이다. 엽록체 안에는 엽록소라 불리는 분자가 있는데, 이 분자가 광합성에서 중심적인 역할을 맡는다.

포유류의 적혈구 안에는 산소와 운반물질인 헤모글로빈이 있으며 헤모글로빈에는 헴이라는 분자가 심어져 있다. 엽록소는 이 헴과 꼭 닮았다. 다른 점은 분자의 중심에 있는 금속 원자다. 엽록소에는 마그네슘이 들어 있지만 헴에는 철이 들어 있다.

엽록소   헴

식물은 태양에너지 통조림

식물은 태양의 빛에너지를 이용해 전분이나 셀룰로스를 만들어낸다. 토끼나 소 등 초식동물은 이것을 먹고 자란다. 그리고 늑대나 사자

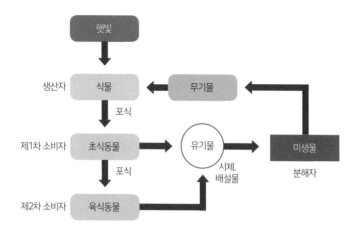

먹이사슬

등 육식동물은 그 초식동물을 먹고 자란다.

결국 늑대와 사자 모두 식물이 없다면 먹이가 사라져서 생존할 수 없다. 이와 같은 관점에서 본다면 빛이 필요한 존재는 비단 식물뿐만이 아님을 알 수 있다.

초식동물도, 육식동물도 최종적으로는 태양의 빛에너지에 의존해 살아간다. 그러한 의미에서 태양은 모든 생물에게 생명력을 선사하는 은총의 근원이다. 다시 말해 식물은 태양에너지 통조림이나 마찬가지인 셈이다.

37

DNA가 유전을 지배한다는 말이 사실일까?

유전이란 부모의 형질을 다음 세대에 물려주는 것으로, 생물에게만 허락된 특권과도 같은 기능
이다. 유전에는 DNA나 RNA가 작용한다는 사실이 알려져 있다. 어떠한 구조로 되어 있을까.

DNA란 무엇일까?

생물은 유전정보를 토대로 종의 존속이나 성장, 유지를 수행하는데,
DNA(데옥시리보 핵산)는 이러한 유전의 핵심이다.[1]

그렇다면 DNA는 어떠한 일을 하고 있을까. 사실 DNA는 '유전 설

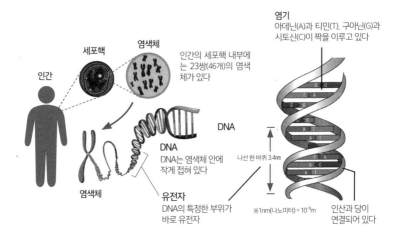

세포핵

염색체

인간의 세포핵 내부에
는 23쌍(46개)의 염색
체가 있다

인간

DNA

DNA
DNA는 염색체 안에
작게 접혀 있다

염색체

유전자
DNA의 특정한 부위가
바로 유전자

염기
아데닌(A)과 티민(T), 구아닌(G)과
시토신(C)이 짝을 이루고 있다

나선 한 바퀴 3.4nm

※1nm(나노미터) = 10⁻⁹m

인산과 당이
연결되어 있다

---

1 DNA와 RNA는 핵산의 일종으로, DNA는 데옥시리보스라는 당에, RNA는 리보스라는 당
에 각각 염기, 인산이 결합된 분자가 무수히 결합해 생겨난 고분자를 뜻한다.

명서'로, 딱히 뭔가를 하지는 않는다. 여기에는 4개의 문자(염기)가 특유의 순서에 따라 배치되어 있는데, 그 염기배열 안에는 단백질의 아미노산 배열에 관한 정보가 기입되어 있다. 다시 말해 DNA는 '단백질의 설계도'라고 볼 수 있다.[2]

RNA란 무엇일까?

DNA와 이름이 비슷한 RNA(리보 핵산)라는 물질이 있다.

DNA는 모세포의 세포분열과 함께 복제되어 완전히 똑같은 DNA가 딸세포에게 보내진다. 그러면 딸세포는 DNA 안에서 유전자 부분만을 꺼내 편집한다. 이렇게 해서 만들어진 것이 바로 RNA다.

RNA에는 몇 가지 종류가 있는데, 이른바 DNA의 축소판인 RNA는 '전령 RNA(mRNA)'라고 불린다. 이 또한 단백질의 설계도임은 변함이 없기에 아무런 기능도 하지 않는다.

이 설계도를 토대로 단백질을 만드는 물질 역시 RNA로, 이쪽은 '전달 RNA(tRNA)라고 불린다. 전달 RNA는 전령 RNA라는 설계도에 따라서 해당하는 아미노산을 단백질이 합성되는 장소까지 데려간다. 그리고 이미 그곳에 자리를 잡고 있던 아미노산과 결합시킨다.

이러한 과정의 반복을 통해 DNA가 지정해둔 아미노산 결합 순서에 따른 단백질이 완성된다.

2　DNA는 매우 긴 분자지만 DNA의 모든 부분이 단백질의 설계도는 아니다. 설계도가 되는 부분을 '유전자'라고 부르지만 유전자 부분은 DNA 전체의 5% 정도로 추정되며, 나머지는 '정크(junk, 쓰레기) DNA'라고 한다.

단백질의 기능

DNA가 지정한 대로 완성된 단백질은 어떠한 역할을 수행할까. 단백질이라 하면 우리가 평소에 먹는 고기가 떠오르겠지만 살아 있는 세포에서 단백질의 역할은 여기에서 그치지 않는다. 단백질은 효소로서 생화학반응(생명 유지와 세포 증식을 위한 화학반응)을 지배한다. DNA의 지시에 따라 만들어진 '효소 군단'이 이후의 개체를 만들어내는 것이다.

다시 말해 DNA의 지시는 피부색, 머리카락의 색깔, 신장, 지능 등에 대한 직접적인 지시가 아니라는 뜻이다.

38

유전자 조작 농산물이란 무엇일까?

유전자 조작 농산물이 입방아에 오르고 있다. 다양한 농산물의 좋은 점만을 조합해 만들어낸 농산물이라 하는데, 안전성에 관한 우려의 목소리가 많다.

DNA의 배열

DNA가 '연속적으로 배치된 4종의 단위분자 ATGC로 이루어진 DNA 분자 두 줄이 모여서 형성된 **이중나선구조**'임을 알아낸 것은 1953년의 일이다.

다음으로 등장한 문제는 '생물, 그중에서도 특히 인간의 DNA는 ATGC가 어떠한 순서로 배치되어 있는가'였다. 그 DNA의 모든 배열은 2003년에 밝혀졌다.

DNA에는 쓸모가 없는 부분(정크 DNA)과 중요한 역할을 하는 유전자 부분이 있다.

유전자공학

인간의 게놈[1]이 해석된다면 다른 생물의 게놈을 해석하기란 간단한 일이다. 그리하여 이후로 여러 생물의 게놈이 착착 해석되기 시작했

---

1 Genome(게놈)이란 gene(유전자)와 chromosome(염색체)를 합성한 용어로, DNA의 모든 유전 정보를 뜻한다.

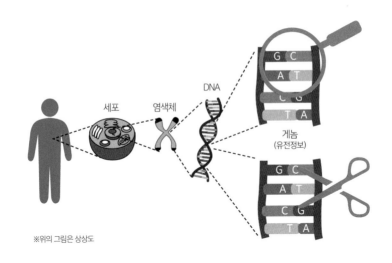

세포　염색체　DNA

G C
A T
C G
T A

게놈
(유전정보)

G C
A T
C G
T A

※위의 그림은 상상도

다. 이에 따라 어느 동물의 어떠한 성질을 지배하는 유전자가 어디에
있는지가 밝혀지게 되었다.

　그러자 생물 A의 특정한 유전자를 꺼내 다른 생물 B의 DNA에 심
는다면 A의 뛰어난 성질이 B에게도 나타날지 모른다는 사고방식이
고개를 내밀었다. 이와 같은 사고방식에서 진행된 연구가 **유전자공학**
으로, 그 일환이 바로 **유전자 조작**이다.

유전자 조작

사실 유전자 조작은 먼 옛날부터 해오고 있었다. 바로 교배다. 젖을
많이 생산하는 소와 튼튼한 소를 교배시키면 튼튼하면서 젖을 많이
생산하는 젖소가 태어날 것이다.

　하지만 교배에는 제한이 있다. 소와 사자의 교배는 불가능하다. 다
시 말해 교배에는 생물의 '종류'라는 장벽이 존재한다는 뜻이다. 그

런데 유전자공학을 통한 유전자 조작에는 이와 같은 장벽이 없다.

생물 A의 DNA에서 우수한 유전자 a를 화학적으로 떼어낸다. 이것을 생물 B의 유전자에 덧붙이면 끝이다. 이처럼 단순한 조작을 통해 B에게서 A의 성질이 나타나게 된다.

이는 다소 과장을 섞는다면 그리스 신화에 등장할 법한, 말의 몸에 인간의 상반신이 달린 키메라[2]마저 현실이 될지 모르는 그런 기술이다.

이미 유전자 조작은 실용화되어 몇 종류의 농산물이 시판되고 있다. 일본에서는 대두, 옥수수, 유채, 감자, 목화, 알팔파 등의 수입 판매가 허가된 바 있다.

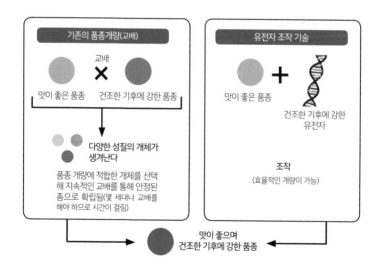

-----

2 한 개체에 유전자가 다른 세포가 혼재되어 있는 현상, 또는 서로 다른 종을 결합해 전혀 새로운 종을 만들어내는 기술을 의미한다. 키메라라는 명칭은 사자의 머리에 뱀의 꼬리, 염소의 몸통을 지닌 동명의 신화 속 괴물에서 유래한 것이다. -옮긴이

39

게놈 편집이란 무엇일까?

일본에서 게놈 편집으로 '근육량을 20% 높인 도미를 만들어내는 데 성공했다'는 뉴스가 대대적으로 보도되었다. DNA에 인간의 손이 더해지면서 원하는 특징을 이끌어낼 수 있게 된 것이다.

게놈 편집이란

'게놈 편집'은 생물의 DNA, 유전자, 게놈을 조작하는 기술로, 유전자공학의 일종이다. 하지만 문제는 '편집'이라는 표현이다. 이해하기 쉽도록 '책의 편집'을 예로 들어 설명해보겠다.

먼저 저자가 원고를 써서 편집자에게 넘긴다. 그러면 편집자가 그 원고를 '편집'해서 저자에게 돌려주고 이 정도면 되겠는지 허락을 구한다. 문제가 없다면 그 원고는 인쇄되고 책으로 출간된다.

문제는 '편집'에서 어떠한 '조작'이 실시될 것인가, 하는 점이다. 이 조작은 편집자마다 꽤나 다르다. 편집자에 따라 오탈자나 잘못 사용된 조사만 고치고 마무리하는 경우도 있겠지만, 문장의 순서를 바꾸거나 불필요하다(편집자가 보기에는)고 생각되는 부분을 지우거나, 경우에 따라서는 (편집자가 만들어낸) 문장을 덧붙이기도 한다.[1]

'게놈 편집'이란 DNA를 이와 같이 '편집'한다는 뜻이다.

---

[1] 개중에는 '이게 내가 쓴 원고 맞나?' 하고 깜짝 놀라게 되는 경우도 없지는 않다. 이 각주 역시 편집자의 손을 거쳤다.

유전자 조작과 게놈 편집

다만 현재까지 '게놈 편집'에서 '편집 작업'은 한정적으로 이루어지고 있는데, 편집이 허용된 범위는 다음과 같다.

① 불필요한 게놈 삭제
② 게놈의 배열 순서 변경

여기에는 중요한 의미가 담겨 있다. 바로 게놈 편집 전후를 통틀어 **DNA에 여분의 게놈은 더해지지 않는다**는 사실이다. 즉, 다른 생물의 유전자 정보는 더해지지 않는다는 말이다. 이는 유전자 조작에서 우려되었던 반인반수의 키메라가 탄생할 일은 없음을 의미한다.

게놈 편집을 통해 근육량이 20% 늘어난 도미 역시 도미에게 본래

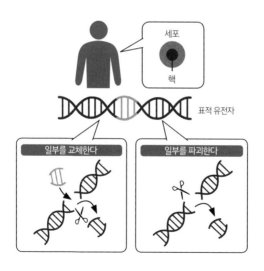

게놈 편집의 구조

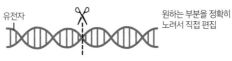

원하는 부분을 정확히
노려서 직접 편집

목표로 삼은 유전자를 직접 절단하는 등의 방법으로 변
이시키기 때문에 의도한 대로 특징을 발휘시키기 쉽다.

유전자 조작 유전자

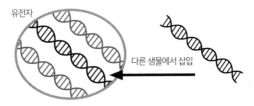

다른 생물에서 삽입

원하는 대로 심어지지 않는 경우가 있으므로 만들어지는 데는
시간이 걸린다. 의도치 않은 변화가 발생할 가능성도 있다.

게놈 편집과 유전자 조작의 차이

심어져 있던 '근육량을 일정 이상 늘리지 않는다'라는 게놈을 삭제
해버린 결과라고 한다.

하지만 정말 이래도 괜찮을까. 본래 도미에게 근육량을 제한하는
게놈이 심어져 있던 이유는 그래야 할 필요가 있었기 때문이지 않
을까. 그런 사실을 무시한 채 억지로 울뚝불뚝하게 근육을 키웠다간
얼마든지 또 다른 문제가 발생할 것만 같다.

게놈 편집을 허가하기 전에 이와 같은 연구부터 실시해야 한다는
의견도 있다고 하나, 기세만 보자면 게놈 편집은 당장이라도 실현될
듯하다. 조만간 '게놈 편집으로 누구나 몸짱이 되는' 시대가 찾아오
지는 않을까.

40

단백질이 광우병의 원인일까?

광우병이라는 무서운 병이 만연할 뻔했던 적이 있다. 광우병에 걸린 소의 골수 등을 먹고 이 병에 걸린 사람은 뇌가 스펀지처럼 변해 죽음에 이르게 된다는 것이다.

광우병의 원인

광견병은 개나 동물뿐 아니라 인간을 포함한 모든 포유류가 감염되는 질병으로, 치료 방법이 없어 거의 100% 사망하는 매우 위험한 바이러스성 인수 공통 감염증이다.

　단백질은 근육을 구성하지만 그 외에도 한 가지 중요한 기능이 있다. 바로 각종 효소로서 생체 내부에서 진행되는 생화학반응을 관장하는 일이다. 포유류의 몸에서 산소 운반을 담당하는 헤모글로빈 역시 단백질의 일종이다.

　'정상 프리온'이라는 단백질도 그러한 단백질의 일종으로, 생체에서 어느 정도 중요한 역할을 수행하는 단백질이다.

　광우병의 무서운 점은 질병의 원인이 이 단백질이라는 사실이다. '정상 프리온'이라는 단백질이 어느 순간 느닷없이 병원체인 '비정상 프리온'으로 변이를 일으킨다. 그러면 그 변이된 비정상 프리온 근처에 있던 정상 프리온까지 비정상 프리온으로 변하게 되고, 이와 같은 연쇄적인 변이가 잇따라 전파되면서 질병은 점차 심각해진다.

단백질의 평면 구조

정상 프리온의 변이를 이해하려면 단백질의 구조에 대해 알아두어야 한다. 고분자화합물의 일종인 단백질은 아미노산이라는 20종류의 단위분자가 적당한 개수로, 적당한 순서에 따라 배열된 것이다. 이 아미노산의 종류와 배열 순서를 아미노산의 평면 구조라고 한다.

인간의 경우, '정상 프리온' 단백질은 아미노산 253개로 이루어져 있다. 이러한 단백질은 고리 253개로 된 긴 사슬에 빗댈 수 있다.

단백질의 입체 구조

단백질 사슬의 경우는 이 사슬이 일정한 형태로 반듯하게 접혀 있다. 이를 단백질의 입체 구조라 부르는데, 단백질에서 매우 중요한 기능을 한다.

'정상 프리온'과 '비정상 프리온'을 비교한 결과, 평면 구조, 다시 말해 아미노산의 개수와 종류, 배열 순서에는 아무런 차이가 없다는 사실이 밝혀졌다. 하지만 비정상 프리온은 접힌 방식, 다시 말해 입체 구조가 일그러져 있었다.

이는 와이셔츠를 개는 모습을 떠올려보면 이해하기 쉽지 않을까. 와이셔츠를 개는 방식에는 일정한 규칙이 있다. 규칙에 따라서 개면 보기 좋게 정돈되지만 단추 하나만 잘못 채워도 심히 칠칠맞지 못한 모습이 되고 만다.

따라서 잘못된 방식으로 접힌 프리온은 정상적인 기능을 수행하지 못하게 되는 것이다.

제 7 장

'폭발'의 화학

41

불꽃놀이 폭죽은 어떤 구조일까?

여름축제의 참맛은 불꽃놀이가 아닐까. 쓰웅— 하는 소리와 함께 밤하늘에 피는 커다란 꽃. 그런 불꽃놀이 폭죽의 구조에 대해 살펴보도록 하자.

화약은 무엇으로 이루어져 있을까?

불꽃놀이란 화약의 예술이다. 불꽃놀이에서 폭죽을 쏘아 올리는 것도, 하늘에 불꽃을 수놓는 것도 모두 화약이다. 화약에는 종류가 다양하지만 폭발을 일으키는 화학물질을 화약이라 보아도 무방하다.

화약에 따른 폭발은 연소의 일종으로, 매우 빠른 연소라고 볼 수 있다. 그리고 연소에는 연료와 산소가 필요하다.

과거 조총의 발사약 등에 사용되었던 전통 화약이 바로 흑색화약이다. 이 흑색화약은 목탄 가루인 탄소C, 황S, 그리고 초석(질산칼륨) KNO_3의 혼합물이다. 목탄 가루 때문에 분말 전체가 검은색을 띠고 있으므로 흑색화약이라 한다. 여기서 목탄과 황은 연료에 해당한다.

그렇다면 초석은 어디에 쓰이는 걸까. 바로 산소를 공급하는 역할(산화제)을 맡고 있다. 화약의 연소는 무척 빠르게 진행되므로 주변 공기 속 산소만으로는 부족하다. 그래서 이 초석을 사용하는 것이다.

초석은 분자 하나에 산소 원자가 3개 들어 있는데, 이 산소 원자들이 연소를 돕는 것이다.

불꽃놀이의 색

불꽃놀이에 사용되는 폭죽인 연화의 구조를 살펴보면 한지로 만든 반구형 용기 안에 화약을 동그랗게 뭉친 수백 개의 '별'이 규칙적으로 채워져 있다. 연화는 이것을 2개 합쳐서 동그란 형태로 만든다.

'별'에는 화약 이외에도 다양한 금속 분말이 섞여 있다. 연화가 폭발할 때 도화선을 통해서 이 별에 불이 붙고, 별과 함께 금속이 연소되면서 **불꽃반응**이라는 발광 반응을 일으킨다.

불꽃반응의 색은 금속마다 다르다. 예를 들어, 나트륨Na은 노란색, 구리Cu는 초록색, 칼륨K은 보라색이다. 이러한 금속 분말의 조합을 통해 불꽃놀이의 색을 시간적으로 변화시킬 수도 있다. 불꽃놀이 기술자의 솜씨가 드러나는 대목이다.

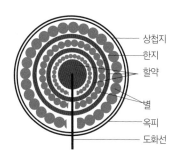

화합물	불꽃반응의 색
Li(리튬)	짙은 빨간색
Na(나트륨, 소듐)	노란색
K(칼륨, 포타슘)	보라색
Rb(루비듐)	짙은 빨간색
Cs(세슘)	파란색
Ca(칼슘)	주황색
Sr(스트론튬)	짙은 빨간색
Ba(바륨)	황록색
Cu(구리)	청록색
In(인듐)	짙은 파란색
Tl(탈륨)	황록색

연화의 구조와 불꽃반응

초석을 만드는 방법

초석은 화약의 중요한 원료지만 과거에는 사람의 오줌으로 만들었다. 쌓아놓은 짚더미에 날마다 오줌을 뿌린다. 그러면 흙속의 질산균이 오줌 속의 요소$(NH_2)_2CO$를 질산HNO_3으로 바꾸어준다.

적당히 때가 되면 이 짚을 가마솥에 넣고 재와 함께 끓인다. 그러면 질산과 재 속의 칼륨K(포타슘)이 반응해 질산칼륨(초석)으로 변해 가마솥 안에서 하얀 결정으로 석출된다. 초석을 만들 때는 끔찍한 냄새를 참아야 했을 것이다.

일본에서 가장 유명한 초석 제조지는 도야마현의 고카야마와 기후현의 시라카와고다. 두 곳 모두 갓쇼즈쿠리[1] 양식 촌으로, 세계유산으로 등록된 지역이다. 갓쇼즈쿠리의 특징은 대가족제로, 많은 가족이 거주하며 그곳에서 나오는 대량의 분뇨로 화약을 제조했다.

시라카와고는 막부의 직할령이었다. 그리고 고카야마는 가가 번에 포함되어 있었다. 가가 번은 막부에도 화약을 진상하고 있었는데, 방대한 농토를 보유했던 가가 번의 권력 중 일부는 화약 제조에서 비롯되었던 셈이다.

흑색화약이 유일한 조총용 화약이었던 시대에 초석은 중요한 전략 물자이자 귀중품이었다. 전쟁이 오랫동안 이어지면 초석은 고갈되고 만다. 즉, 과거의 전쟁에는 자동적으로 브레이크를 걸어주는 장치가 심어져 있었다는 뜻이다.

---

[1] 커다란 삼각형 지붕이 특징적인 일본의 건축양식으로, 눈이 많이 내리는 지방에서 찾아볼 수 있다. -옮긴이

광산에서는 어떤 폭약을 사용할까?

광산에서는 광석이 묻힌 장소를 폭약으로 파괴해서 채굴 작업을 진행한다. 또한 대규모 토목공사에서도 폭약을 사용한다. 파나마 운하는 폭약이 없었다면 완성할 수 없었을 것이다.

니트로글리세린

광산이나 토목공사에서 사용되는 폭약이라 하면 가장 먼저 다이너마이트가 떠오른다. 다이너마이트의 원료는 **니트로글리세린**이다. 우선 만드는 법부터 살펴보겠다.

샐러드유, 라드(돼지기름), 헷(소기름) 등 흔히 '유지'라고 하는 물질의 구조는 기본적으로 동일하다. 다시 말해 글리세린이라는 알코올 화합물에, 지방산이라는 물질이 결합한 구조다.

샐러드유와 라드는 지방산에 차이가 있다. 어떠한 유지든 글리세린은 모두 똑같다. 따라서 유지를 가수분해하면 글리세린 1분자와 지방산 3분자가 얻어진다. 이 글리세린에 질산HNO_3을 반응시키면 니트로글리세린을 얻을 수 있다.

무색투명한 니트로글리세린의 비중은 1.6으로, 제법 무거운 액체다. 녹는점은 14℃이니 서늘한 날에는 얼어붙어 고체가 된다. 끓는점은 50~60℃로 명확하지 않은데, 억지로 측정하려 했다간 폭발할 위험이 있기 때문이다.

아무튼 불안정하며 위험한 액체이기 때문에 병을 떨어뜨린 정도의 충격만으로도 폭발하고 만다. 이래서야 어디 위험해서 쓸 수 있겠나.

다이너마이트

이 니트로글리세린을 사용하기 쉬운 폭약으로 재탄생시킨 인물이 바로 노벨이다. 노벨은 규조토라는 조류의 화석을 사용해 니트로글리세린을 흡수했다. 그러자 니트로글리세린은 안정적인 물질로 변했다.

하지만 폭약은 의도한 타이밍에 터뜨리지 못한다면 아무런 의미가 없다. 그래서 노벨은 다이너마이트를 원하는 순간에 터뜨리기 위해 뇌관을 발명했다. 뇌관은 도화선을 통해 기폭제에 불을 붙여서 폭발을 일으키는 도폭약을 점화시키는 장치다.

그 결과, 파나마 운하의 굴착을 비롯해 전 세계에서 진행되는 모든 대규모 토목공사에 다이너마이트가 쓰이게 되면서 노벨은 엄청난 부를 쌓았다. 노벨상은 노벨이 남긴 유산을 바탕으로 운용되고 있다.

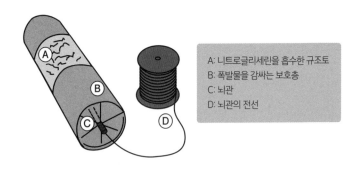

A: 니트로글리세린을 흡수한 규조토
B: 폭발물을 감싸는 보호층
C: 뇌관
D: 뇌관의 전선

다이너마이트의 구조

안포폭약

하지만 최근에는 상황이 바뀐 듯하다. 광산이나 건설에서 사용되는 폭약으로는 **안포폭약**이라는 새로운 폭약이 주류를 이룬다고 한다.

안포폭약은 비료를 사용한 폭약이다. 비료로 쓰이는 초안은 질산암모늄NH_4NO_3이라는 물질로, 이 질산암모늄은 엄청난 폭발력을 지니고 있다.

질산암모늄은 개발 당시부터 역사에 남을 대규모 폭발 사고를 되풀이해왔다. 2015년, 중국의 톈진에서 발생해 사망자를 165명이나 낸 폭발 사고 역시 질산암모늄 때문에 발생한 사고라고 한다.

이 질산암모늄과 경유를 섞어서 만든 안포폭약은 저렴하고 편리하면서 사용하기도 쉬운 뛰어난 폭약이다. 점토 형태의 폭약으로 신관을 감싸면 끝이므로 현장에서 상황에 맞게 성형할 수 있어 사용하기 편하다고 한다.

자동차의 에어백을 순식간에 부풀리는 팽창제에도 질산암모늄의 폭발력이 이용되고 있다.

ANFO
안포

다이너마이트보다
안전하고 저렴하며
사용하기도 쉽다

43

전쟁터에서는 어떤 폭약을 사용할까?

폭약이라 하면 가장 먼저 '전쟁'이 떠오르지 않을까. 총, 대포, 폭탄, 모두 폭약이 사용되고 있다.
전쟁터에서는 어떤 폭약을 사용하고 있는지 살펴보도록 하자.

폭약의 역사

현대의 전쟁에서 사용하는 폭약이라 하면 트리니트로톨루엔(TNT)
$C_7H_5N_3O_6$을 꼽을 수 있다. 폭발이란 빠른 연소이므로 분자 내에 산
소가 많아야 유리하다. TNT는 분자 하나에 산소 6개를 지니고 있다.

중국에서 최초로 발명된 폭약은 흑색화약이다. 흑색화약은 오랫동
안 꾸준히 전쟁에서 사용되었으며 현재도 불꽃놀이에 쓰이고 있다.
러일전쟁에서 러시아군 역시 흑색화약을 사용했다고 한다.

다만 흑색화약은 연기가 심하기 때문에 점차 니트로글리세린이나
면화약(니트로셀룰로스)을 사용한 무연화약으로 바뀌어갔다.

러일전쟁에서 일본군은 조금 더 진화한 시모세 화약을 사용했다.[1]
화학적으로는 트리니트로페놀$C_6H_3N_3O_7$이라는 물질로, 분자 하나에
산소 7개를 지녔기 때문에 폭발력은 TNT보다 강할지도 모른다.

하지만 시모세 화약에는 치명적인 문제점이 있었다. 화약이 산성이

---

1 일본 해군의 기술자였던 시모세 마사치카가 실용화시켜서 이름이 붙은 폭약으로, 제2차 세
계대전 시기에 일본에서는 주로 수류탄의 작약으로 사용되었다.

어서 폭탄을 녹슬게 했다. 이래서야 손상된 폭탄이 대포 안에서 터질지도 모른다. 그래서 세계적으로 TNT를 사용한 것이다.

플라스틱 폭약

전쟁터, 특히 특수 공작에 자주 사용하는 폭탄이다. 플라스틱 폭탄은 TNT 분말을 액체 폭탄인 니트로글리세린으로 빚어낸 것으로, 점토 혹은 수지의 형태이기 때문에 현장에서 마음대로 성형할 수 있다. 그리고 쓸모가 없어졌을 때는 불로 태워버린다고 한다.[2]

액체폭약

테러리스트가 사용하기로 유명한 폭탄이다. 물처럼 무색투명한 액체다. 액체폭약이라 표현했지만 폭약 자체는 하얀 분말이다. 이 분말을 물에 녹여서 액체(수용액)로 바꾸는 것이다. 사실은 수용액이 된 시점에서 이미 완성된 셈이다. 카페오레만큼 만들기 쉬우므로 카페오레 폭탄, 혹은 주방 폭탄이라 불린다.

누구나 손쉽게 손에 넣을 수 있는 액체 2종류를 볼에 넣어 섞은 뒤, 페트병에 넣고 신관을 달면 완성된다. 액체의 명칭은 너무나도 위험하기 때문에 여기에서는 소개하지 않겠다.

현재 항공기 수하물 검사장에서 음료의 내용물을 검사하거나 액체 반입에 규제가 걸려 있는 이유가 이 폭탄 때문이다.

----

2 '단점'이 있다면 달콤하다는 사실이다. 미군에서는 병사들에게 폭약을 먹지 말라는 명령이 내려졌다는 만화 같은 일화도 전해진다.

44

알루미늄 캔에 세제를 넣으면 폭발할까?

폭발이 오로지 화기나 화약에서만 발생하는 것은 아니다. 폭약은 물론, 화기와 아무런 상관이 없는 곳에서도 발생한다.

열차 안에서 발생한 폭발 사고

2012년 10월 20일 오전 0시 15분, 승객으로 가득한 일본의 야마노테선 열차 안에서 돌연히 폭발이 일어났다. 폭발로 흩날린 액체를 맞은 승객 16명이 부상을 입었고, 9명이 병원으로 후송되었다.

폭발은 어느 여성 승객이 소지했던 뚜껑 달린 알루미늄 캔에서 발생했다. 그 여성 승객은 커피를 마시고 남은 빈 캔에 액체 세제를 400mL 정도 넣어두었다. 직장에서 사용한 세제가 효과가 좋았기에 집에서 쓸 목적으로 챙겨왔다고 한다. 조사 결과, 세제는 강한 알칼리성이었다는 사실이 밝혀졌다.

원인은 알루미늄 금속Al과 알칼리의 반응에서 발생한 수소가스H_2 때문이었다. 흔한 알칼리성 물질인 수산화나트륨NaOH을 예로 들자면 반응은 다음과 같다.

$$2Al + 2NaOH + 6H_2O \longrightarrow 2Na[Al(OH)_4] + 3H_2$$

수소가스는 폭발성 기체다. 만약 근처에서 담배를 피우는 사람이 있었다면 수소가스에 불이 붙어 엄청난 사고가 벌어질 수도 있었다. 이 사고에서는 알칼리였지만 양성금속인 알루미늄은 산과도 동일한 반응을 일으켜 수소가스를 발생시킨다. 예를 들어, 알루미늄 캔에 화장실용 세제를 넣었다면 세제에 함유된 염산이 반응하게 된다.

$$2Al + 6HCl \longrightarrow 2AlCl_3 + 3H_2$$

기체의 발생이 '폭발'을 일으킨다

빵빵해진 풍선이 터지듯 밀폐용기 안에 한도를 넘어서는 기체가 발생하면 폭발한다. 이때 용기가 튼튼할수록 폭발력은 커지게 된다. 풍선이 터져도 그렇게 시끄러운데 철제 용기가 터졌으면 오죽할까.

포탄이나 폭탄이 철제 용기로 이루어진 이유는 그 때문이기도 하다. 가정에서 주의해야 할 것은 유리로 된 용기다. 터진다면 칼날보다 날카로운 파편이 흩날리게 된다.

청소를 할 때 자주 사용하는 베이킹소다(탄산수소나트륨)$NaHCO_3$는 산과 반응하면 이산화탄소CO_2를 발생시킨다.

$$NaHCO_3 + HCl \longrightarrow NaCl + H_2O + CO_2$$

널리 알려진 청소 방법으로 베이킹소다에 구연산을 섞어서 거품을 내는 방식이 있는데, 바로 위의 반응을 이용한 것이다. 만약 사용하기 편하게끔 미리 만들어두려는 생각에 두 물질을 유리병에 넣고 뚜껑을 닫기라도 했다간 엄청난 사태가 벌어진다.

행여 실수로 이러한 짓을 저지르고 말았다면 미안하겠지만 소방서에 연락하자. 뚜껑을 돌렸다간 그 순간에 무슨 일이 벌어질지 모른다. 위험은 사방 곳곳에 도사리고 있다.

구연산
- 물에 녹이면 산성을 띤다.
- 물때 등의 알칼리성 얼룩을 지우기 쉽게 해준다.

베이킹소다(탄산수소나트륨)
- 물에 녹이면 알칼리성을 띤다.
- 기름때 등의 산성 얼룩을 지우기 쉽게 해준다.

탄산가스(이산화탄소)가 발생

일상은 위험과 함께하는 법이지!

45

화재는 왜 폭발적으로 발생할까?

화재는 처음 불이 난 곳과 가까운 물질부터 차례대로 번질 것 같지만 그렇지 않다. 일정 시간이 지나면 폭발하듯이 순식간에 불길이 확산된다. 바로 플래시 오버와 백 드래프트 현상 때문이다.

플래시 오버

플래시 오버는 착화지점에서 발생한 열이 가구 등의 가연성 물질을 가열하면서 발생한다. 가열이 지속되면 가구의 표면 온도는 수백℃에 이르게 되고, 결국 타게 된다.

무서운 점은 가열이 이어지는 동안 가구에서 연기와 각종 기체가 발생한다는 사실이다. 이들 기체에는 일산화탄소와 같은 가연성 기체가 섞여 있다. 이러한 기체가 발화점에 달하면 단숨에 불타오른다. 이 현상이 바로 **플래시 오버**다.

플래시 오버 현상에서는 가연성 기체에 불이 붙는다. 그렇다면 플래시 오버는 화재의 근원에서 떨어진 장소, 다시 말해 연기가 도달하기 쉬운 곳에서 발생할 가능성이 있다.

예를 들어, 3층 건물의 1층에서 화재가 발생했다고 가정해보자. 연기는 높은 곳으로 향하므로 2층에서 3층에 연기가 채워진다. 그리고 일정 시간이 지나면 발화점에 도달한 연기와 가연성 물질에 일제히 불이 붙으며, 2층과 3층 천장 부근은 플래시 오버로 불바다가 된다.

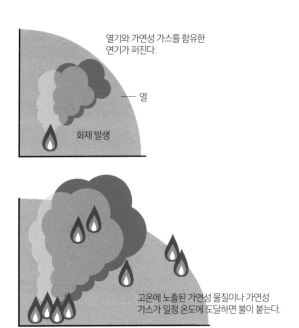

열기와 가연성 가스를 함유한
연기가 퍼진다.

— 열

화재 발생

고온에 노출된 가연성 물질이나 가연성
가스가 일정 온도에 도달하면 불이 붙는다.

발화 지점 부근은 불이 옮겨 붙어 불길이 확대됨

플래시 오버의 원리

하지만 발화 지점을 제외하면 연기가 없었던 1층 부분은 전소되지
않을 가능성이 있다. 다시 말해 플래시 오버는 연기가 향하기 쉬운
고층 천장 부근이 가장 위험하다는 뜻이다.

공사 관계자가 제대로 끄지 않은 담배 때문에 불이 나 118명의 희
생자를 낸 1972년 오사카 센니치마에 백화점 화재나, 누워서 담배를
피우던 투숙객 때문에 33명의 희생자를 낸 1982년 호텔 뉴 재팬 화
재의 참사는 모두 플래시 오버가 원인이었다고 한다.

백 드래프트

플래시 오버와 혼동하기 쉬운 현상으로 **백 드래프트**가 있다. 플래시 오버는 산소가 있는 상태에서 발생하지만 백 드래프트는 산소가 없는 상태에서 갑자기 산소가 공급되었을 때 발생한다.

기밀성이 높은 실내에서 화재가 발생했을 경우, 실내에 충분한 산소가 남아 있는 동안에는 연소가 진행된다. 그러다 산소가 다 떨어지면 연소가 중단되어 얼핏 불이 꺼진 것처럼 보인다. 하지만 뜨겁게 가열된 가구에서는 계속해서 가연성 가스가 배출된다.

이러한 상황에서 부주의하게 문을 열면 신선한 공기가 불이 난 방 안으로 들어가게 되고, 불씨가 활성화 에너지로 작용해 가연성 가스에 일제히 불이 붙으면서 폭발을 일으킨다. 이 현상이 바로 백 드래프트다.

밀폐된 창고에서 벌어진 화재 등에서 발생하기 쉬운 현상으로, 소방관이 순직하는 경우가 많은 화재라고도 한다.

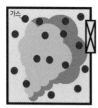

산소가 사라져 불이 꺼진 것처럼 보이지만 실제로는 밀폐 공간에 가연성 가스 등이 충만한 상태.

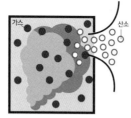

창문 등이 깨지면 외부의 산소가 일제히 밀폐 공간으로 밀려든다.

산소가 급격히 공급되어 폭발 현상이 발생, 불꽃이 분출된다.

백 드래프트의 원리

46

물이나 밀가루도 폭발할까?

물이나 밀가루가 폭발한다는 말을 들으면 놀라는 사람도 적지 않으리라. 알고 보면 튀김을 기름에 튀길 때 가장 무서운 상황은 물이 폭발하는 경우다.

물의 폭발

물이 기체 상태인 수증기로 변하면 부피는 단숨에 1700배로 늘어난다. 가히 폭발적이다.

예를 들어, 기름을 둘러 달군 프라이팬에 물방울을 떨어뜨리면 물방울은 단숨에 끓어올라 수증기로 변한다. 부피가 늘어난 수증기는 거세게 뿜어져 나와 주변에 기름을 흩뿌리고, 자칫하면 화재가 발생하기도 한다. 이처럼 고온인 물체에 물이 닿았을 때 폭발적으로 끓어오르는 현상을 **수증기폭발**이라 한다.

수증기폭발은 부엌에서 자주 발생한다. 기름 솥에 새우를 넣으면 꼬리가 터지며 예상치 못하게 화상을 입는 경우가 있다. 새우 꼬리라는 밀폐된 공간에 갇혀 있던 물이 기름에 가열되어 수증기로 변했기 때문이다. 피망을 통째로 넣으면 내부의 공기가 팽창해 마찬가지로 폭발하게 된다. 튀김은 생각 이상으로 위험한 요리인 셈이다.

기름 솥에 불이 붙어 이를 끄기 위해 자칫 물을 끼얹기라도 했다간 큰일이다. 불이 붙은 기름이 수증기폭발에 흩날리며 화재가 한층

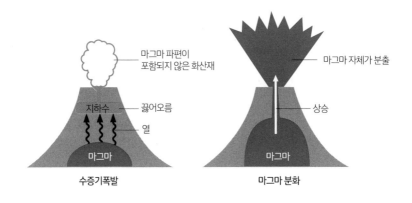

마그마 파편이
포함되지 않은 화산재

지하수   끓어오름

열

마그마

수증기폭발

마그마 자체가 분출

상승

마그마

마그마 분화

수증기폭발과 마그마 분화

더 커지게 된다.

　수증기폭발을 크게 확대한 예시가 바로 화산 폭발이다. 화산 폭발에는 2종류가 있는데, 하나는 녹아내린 용암인 마그마가 직접 터져 나오는 경우다. 그리고 나머지 하나가 바로 수증기폭발로, 이 경우는 상승한 마그마가 지하수에 도달하면서 가열된 지하수가 폭발하는 상황이다. 최근에 벌어진 화산 폭발 대부분이 수증기폭발로 보인다.

분진폭발

밀가루나 설탕이 폭발한 사례도 있다. 좀처럼 믿기지 않을지도 모르지만 석탄 가루가 폭발했다면 아하, 하고 고개를 끄덕이는 사람도 있을 것이다.

　석탄 가루가 폭발하는 경우는 탄진폭발이라 해서, 과거 광산에서 종종 발생했던 사고다. 탄진폭발은 석탄 가루가 폭발한 경우지만 비숫한 사고는 석탄 가루뿐 아니라 가연성이 있다면 어떤 가루에서든 발생할 가능성이 있다. 밀가루나 설탕은 그러한 예 중 하나다.

가연성 분말이 공기 중에 떠다니는 상태를 분진이라 한다. 이 분진에 불이 붙으면 폭발하게 되는 것이다. 이 현상을 일반적으로 **분진폭발**이라고 부른다. 분진폭발은 분진이 떠다니는 방, 공장, 혹은 그 일대에서 전기 스파크 등이 발생하면서 벌어지는 사고로, 그 일대에 떠다니던 분진이 단숨에 폭발한다.

분진폭발의 특징은 최초의 소규모 폭발로 생겨난 폭풍이 아래쪽에 쌓여 있던 분진을 위쪽으로 피어오르게 한다. 그러면서 계속 연쇄 폭발이 발생해(2차 폭발) 재해의 규모가 확대된다.

분진폭발은 적당한 밀도의 분진, 적당한 산소나 화기(혹은 전기)라는 조건만 갖추어진다면 어디에서나 일어날 수 있다.

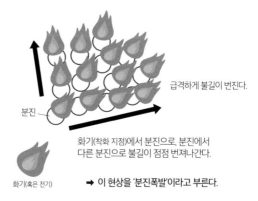

분진

급격하게 불길이 번진다.

화기(착화 지점)에서 분진으로, 분진에서
다른 분진으로 불길이 점점 번져나간다.

화기(혹은 전기)

➡ 이 현상을 '분진폭발'이라고 부른다.

분진폭발의 원리

제 8 장

'금속'의 화학

47

애초에 금속이란 무엇일까?

금, 은, 구리나 백금을 비롯해 철이나 납 등 우리 주변에는 수많은 종류의 금속이 존재한다. 그렇다면 금속이란 대체 어떠한 물질일까.

금속의 조건

어느 원소가 금속원소라고 불리기 위해서는 3가지 조건을 만족해야만 한다.

【금속의 3가지 조건】

① 금속광택이 있다.　　② 전성과 연성이 있다.　　③ 전기전도성이 있다.

어느 조건이나 정확한 수치가 없는 정성적인 조건에 불과하다. 그나마 금속에 '광택이 있다'라는 조건은 이해하기 쉽지 않을까. 또한 '전성'은 두드리면 얇게 펴지는 성질을 말하며, '연성'이란 철사처럼 길게 늘일 수 있음을 가리킨다.

예를 들어, 금Au 1g을 철사처럼 늘이면 2800m까지 늘어나고, 얇게 펴면 1mm의 1만 분의 1(0.1μm) 두께까지 펴지는데, 투명하므로 비추어 보면 세상이 청록색으로 보인다.

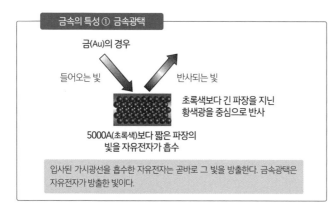

금속의 특성 ① 금속광택

금(Au)의 경우

들어오는 빛   반사되는 빛

초록색보다 긴 파장을 지닌
황색광을 중심으로 반사

5000A(초록색)보다 짧은 파장의
빛을 자유전자가 흡수

입사된 가시광선을 흡수한 자유전자는 곧바로 그 빛을 방출한다. 금속광택은
자유전자가 방출한 빛이다.

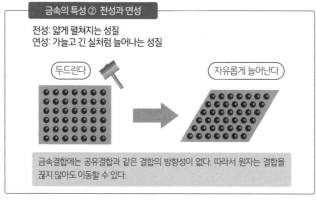

금속의 특성 ② 전성과 연성

전성: 얇게 펼쳐지는 성질
연성: 가늘고 긴 실처럼 늘어나는 성질

두드린다   자유롭게 늘어난다

금속결합에는 공유결합과 같은 결합의 방향성이 없다. 따라서 원자는 결합을
끊지 않아도 이동할 수 있다.

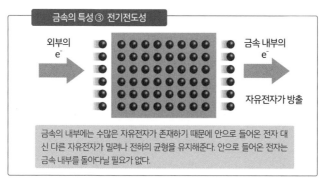

금속의 특성 ③ 전기전도성

외부의
e⁻

금속 내부의
e⁻

자유전자가 방출

금속의 내부에는 수많은 자유전자가 존재하기 때문에 안으로 들어온 전자 대
신 다른 자유전자가 밀려나 전하의 균형을 유지해준다. 안으로 들어온 전자는
금속 내부를 돌아다닐 필요가 없다.

'금속'의 3가지 조건

전도성

전류란 전자의 흐름이다. 전자가 A지점에서 B지점으로 이동했을 때, 전류가 B에서 A로 흘렀다고 말한다.[1] 전자가 이동하기 쉬운 물질은 전도율이 높은 도체, 이동하기 어려운 물질은 부도체, 그 중간은 반도체라고 한다.

도체: 전자가 이동하기 쉬운 물질.
부도체: 전자가 이동하기 어려운 물질.
반도체: 도체와 부도체의 중간 물질.

고체인 금속은 구 형태의 금속 이온이 질서 정연하게 쌓인 결정으로, 구와 구 사이는 자유전자[2]라고 하는 전자로 채워져 있다. 전압이 가해지면 자유전자는 금속 이온의 옆을 빠져나가듯 이동한다. 이때 금속 이온이 움직이면 금속 이온은 전자의 이동을 방해하게 된다.

금속 이온의 움직임은 열진동이다. 다시 말해 온도가 높아지면 금

1　전자와 전류의 이동 방향은 반대다. 전자의 존재가 밝혀지기 전, 학자들은 임의로 전류가 +에서 −로 이동한다는 정의를 내렸고, 이 정의에 따라 수많은 전기법칙이 수립되었다. 하지만 1897년에 영국의 물리학자 조지프 톰슨이 전자를 발견하면서 전류는 전자의 흐름이며 실제로 전자는 −에서 +로 이동한다는 사실이 밝혀졌다. 이 사실에 입각해 기존에 약속했던 전류의 이동 방향을 수정했다간 그동안 쌓아올린 모든 법칙까지 함께 수정해야만 했기에 학자들은 전류의 방향을 바꾸는 대신 전자와 전류의 흐름은 반대, 다시 말해 전자는 −에서 +로, 전류는 +에서 −로 흐른다고 정의를 내렸다. −옮긴이

2　자유전자란 특정한 원자 간의 결합에 얽매이지 않은 채 물질 내부에서 자유롭게 움직일 수 있는 전자를 가리킨다. 금속 결정 등은 자유전자가 풍부해 전기를 잘 전달하는 도체가 되고, 고무 등은 자유전자가 들어 있지 않기 때문에 부도체가 된다.

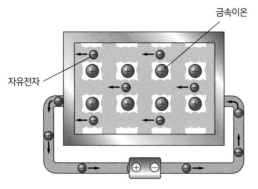

금속이온

자유전자

금속은 자유전자가 이동하기 때문에 고체라도
전기를 잘 전달한다.

속 이온의 진동은 심해지고, 전자는 이동하기 어려워지는 것이다.[3]

초전도성

그리고 특정한 온도(임계점)에 다다르면 전도율은 갑자기 무한대로,
전기 저항은 0으로 변한다. 이러한 상태를 초전도 상태라고 부른다.
초전도 상태에서는 전기 저항[4]이 없으므로 코일에 많은 양의 전류를
흘려보내더라도 발열이 생기지 않는다. 다시 말해 엄청나게 강력한
전자석을 만들 수 있다는 뜻이다. 이와 같은 전자석을 **초전도자석**이
라 부른다. 초전도자석은 뇌의 단층사진을 촬영하는 MRI(Magnetic
Resonance Imaging: 자기공명영상법)나, 자석의 반발력을 이용해 차체

---

3 일반적으로 금속의 전도율은 온도가 낮아짐에 따라 높아진다. 반대로 금속의 전기 저항은
   온도가 낮아짐에 따라 내려간다.
4 전류의 흐름을 막아 전기의 일부를 열로 바꾸어버린다. 이때 흐르고 있던 전기 에너지는 열
   에너지로 변해 달아나버리므로 많은 양의 에너지가 손실되는 셈이다.

를 띄운 채 달리는 열차인 자기부상열차 등에 없어서는 안 될 부품이다.

문제는 임계점이다. 현재 임계점은 거의 절대온도, 다시 말해 −270℃ 부근이다. 이는 매우 낮은 온도다. 이처럼 낮은 온도를 만들어내려면 액체 헬륨이 반드시 필요하다. 헬륨은 공기 중에도 미량으로 함유되어 있지만 이 헬륨을 추출하려면 막대한 전력이 필요하다. 따라서 실질적으로는 모두 미국에서 수입하고 있다.

48

금속과 귀금속의 차이는 무엇일까?

금, 은, 백금과 같은 금속은 평생 녹이 슬지 않는다. 이렇게 영원토록 아름답게 빛나는 금속을 '귀금속'이라고 부른다. 귀금속에는 어떠한 특징이 있는지 살펴보자.

금속의 종류

잘 산화(이온화)되지 않는 금속을 귀금속이라고 한다.[1]

보석상에 가면 귀금속 제품이 즐비하다. 그 종류는 금Au, 은Ag, 백금Pt, 그리고 화이트골드(백색 금)다.

이 중 금, 은, 백금은 원소다. 원소란 불순물이 없는 순수한 물질을 말한다. 하지만 화이트골드는 원소가 아니다. 화이트골드는 청동이나 놋쇠와 같은 합금[2]이다. 주된 성분은 금이지만 그 외에 은, 팔라듐Pd 등이 섞여 있기 때문에 하얗게 보이는 것이다.

귀하며 값비싼 금속

귀금속이라 하면 귀중하며 값비싼 금속을 상상하게 되는데, 실제로는 어느 정도나 비쌀까.

---

1 영어로는 precious metal 혹은 noble metal이라 표기하며, 반의어로는 비금속(卑金屬)이 있다.
2 몇 가지 금속을 섞으면 본래의 금속에는 없었던 특성을 지닌 재료를 얻을 수 있다. 이를 합금이라 한다.

2020년 9월 기준으로 금은 1g에 75000원, 백금은 40000원인데, 백금이 금보다 저렴한 경우는 역사적으로 드물다. 보통은 백금이 금보다 비싸다. 한편 은은 1000원 정도에서 오르내리고 있다.

올림픽 메달

귀금속이라 하면 떠오르는 것 중에는 올림픽 메달이 있다. 금, 은, 동 중에서 동(구리)만 홀로 귀금속이 아니다. 귀금속인 백금을 추가한다면 가격으로 따졌을 때 2위는 백금, 3위는 은이 될 수밖에 없고, 2위와 3위 모두 하얀 메달이 되어 별다른 차이가 없어진다.

금메달이라 해도 사실은 순금이 아니라 도금이다. 1912년에 개최된 스톡홀름 올림픽까지는 순금 메달이 채택되었지만, 이후에는 은으로 만든 메달에 6g 이상의 금을 도금하게 되었다.

하지만 이 규정은 2004년에 철폐되어 주최국의 판단에 따라 순금 메달을 수여할 수도 있다.

(Ag) 은 580g
(Au) 금 6g

(Ag) 은 580g

(Cu) 구리 444g
(Zn) 아연 49g

2018년 평창 동계올림픽에서 사용된 메달

49

'18K'란 무엇일까?

금목걸이나 금 술잔 따위를 보면 18K, 혹은 20K와 같은 각인이 새겨져 있다. 이는 금의 순도를 나타내는 기호다. 순금은 24K이다.

금의 순도

금Au은 금빛으로 반짝이는 아름다운 금속이지만 매우 무르다. 따라서 순금으로 장신구를 만들었다간 사용하는 사이에 의류 따위에 스쳐서 빛을 잃게 된다. 그래서 금에 은이나 구리와 같은 다른 금속을 섞어서 경도를 높인다. 물론 금은 가격이 비싸기 때문에 다른 값싼 금속을 섞어서 가격을 낮추려는 목적도 있다.

	24K	18K	14K	10K
순도	금 100%	금 75%	금 58%	금 42%
경도	무르다			단단하다
휘도	강하다			약하다
변색	변색되지 않는다			변색되기 쉽다
변형	변형되기 쉽다			잘 변형되지 않는다
알레르기	잘 일어나지 않는다			일어나기 쉽다

금의 순도를 나타내는 기호는 K다. K는 캐럿이라 읽는데, 보석의 무게를 나타내는 기호인 Ct(1Ct=0.2g)와 발음이 같다. 순금을 24K로 보고, 표시는 분모가 24인 분수의 분자로 나타낸다. 따라서 18K 금의 순도는 24분의 18이니 75%가 된다.

금의 색깔

금의 색깔은 '금색'이라 생각하기 쉽지만 사실 '금색'도 다양하다. 금에 동을 섞으면 빨간색을 띤다. 이러한 금을 적금이라 한다. 한편 은을 20% 이상 섞으면 푸르스름하게 보이는데, 이러한 금은 청금이라한다.

또한 금에 팔라듐Pd과 은을 섞으면 하얀 은색이 된다. 이러한 금은 일반적으로 화이트골드라고 불리며 장신구로 널리 쓰인다.

황금 샤치호코

일본의 나고야성은 천수각에 얹힌 황금 샤치호코[1]로 유명하다.

천수각이 창건되었을 당시는 샤치호코의 비늘에 도요토미 히데요시가 만든 게이초 금화가 암수 합쳐 1940장이나 사용되었다. 금화 한 장이 165g이니 모두 합치면 320kg인 셈이다. 다만 게이초 금화의 순도는 68%(약 16K)로 그다지 높지 않으니 순금으로 환산하면

---

[1] 일본에서 성곽의 용마루 양 끝에 장식하는 상상의 동물로, 머리는 호랑이에 몸통에는 가시가 돋아난 형태를 하고 있다. -옮긴이

약 220kg이다. 금의 가격을 1g=75000원이라 치면 220kg의 금은 약 165억 원이 된다.

하지만 이후 나고야성을 거점으로 삼은 오와리 번의 재정이 악화되면서 샤치호코는 세 차례에 걸쳐 천수각에서 내려졌고, 그때마다 비늘을 벗겨내고 순도가 낮은 금을 다시 입혔다. 그 때문에 결국 황금 샤치호코는 빛을 잃었고, 이를 숨기기 위해 황금 샤치호코의 주변에 철망을 씌웠다고 한다. 그 천수각도 1945년에 공습을 받아 타버렸으므로 현존하는 황금 샤치호코는 1959년에 재건한 것이다. 이 황금 샤치호코에는 18K(순도 75%)의 금판이 암수 합쳐 88kg[2] 사용되었다고 한다.

---

2   순금으로 환산하면 66kg, 49억 5천만 원 정도.

희소금속이란 무엇일까?

희소금속은 '희귀한 금속'을 말하는데, 레어메탈이라고도 한다. 희소금속은 과학적으로 분류되는 것이 아니라 국가의 정치·경제적인 사정에 따라 분류된다.

희소금속이란 무엇일까?

희소금속에서 '희소'란 무슨 의미일까. 일반적으로 귀금속인 금, 은, 백금은 희소하다 생각하기 쉽지만 이들은 희소금속이 아니다. 예를 들어, 리튬전지에 반드시 필요한 리튬이나 백열전구에 사용되는 텅스텐이 희소금속에 해당한다.

사실 '희소금속'이란 분류는 과학적인 분류법이 아니다. 이는 정치·경제적인 분류법이다.

'해당 국가에 정치적·경제적으로 얼마나 중요한가', 그리고 '그 물질들이 국내에 존재하는가' 등의 관점으로 지정하는 금속인 것이다.

희소금속의 정의

이러한 관점에서 보자면 희소금속으로 지정되기 위한 정의, 조건은 자연스럽게 정해진다. 우선 첫 번째로 '현대의 과학 산업에 중요한 금속일 것', 두 번째로 '국내 매장량이 적은 금속일 것'. 마지막 조건은 '분리와 정련이 어려운 금속일 것'이다.

과거 희소금속은 '현대 과학 산업의 비타민'이라 불렸지만 현재는 '현대 과학 산업의 쌀'이라 불린다. 그만큼 현대의 과학 산업은 희소금속 없이는 성립되지 않는다.

다만 아무리 중요한 금속이라도 국내에서 충분히 산출되는 금속을 '희소금속'이라 부르지는 않는다. 금, 은이 희소금속으로 지정되지 않는 이유는 그 때문이다.

또한 개중에는 광석에서 순수한 금속으로 분리하기 어려운 금속이 있다. 이러한 금속 또한 희소금속으로 지정된다.

원소의 절반은 희소금속?

지구상에서 자연적으로 존재하는 원소 약 90종 중 한국에서 희소금속으로 지정된 금속원소는 56개다. 다시 말해 원소의 절반 정도가 희소금속인 셈이다.[1]

우리 주변에서 사용되는 희소금속의 예로는 스테인리스에 함유된 니켈Ni이나 크로뮴Cr이 있다. 텔레비전이나 스마트폰 화면에 빛깔을 더해주는 원소로는 갈륨Ga, 인듐In 등이 있다. 또한 음향기기 등에 쓰이는 초소형 자석에도 코발트Co, 사마륨Sm, 네오디뮴Nd 등의 희소금속이 사용되고 있다.

---

1 다만 여기에는 붕소나 텔루륨처럼 금속원소가 아닌 원소도 포함되어 있다.

【원소 주기율표와 희소금속】

1	2	3	4	5	6	7	8	9

1
H
수소

범례

| 희소금속 |

3	4
Li	**Be**
리튬	베릴륨

11	12
Na	**Mg**
나트륨(소듐)	마그네슘

19	20	21	22	23	24	25	26	27
K	**Ca**	**Sc**	**Ti**	**V**	**Cr**	**Mn**	**Fe**	**Co**
칼륨(포타슘)	칼슘	스칸듐	타이타늄	바나듐	크로뮴	망가니즈	철	코발트
37	38	39	40	41	42	43	44	45
Rb	**Sr**	**Y**	**Zr**	**Nb**	**Mo**	**Tc**	**Ru**	**Rh**
루비듐	스트론튬	이트륨	지르코늄	나이오븀	몰리브데넘	테크네튬	루테늄	로듐
55	56	57~71	72	73	74	75	76	77
Cs	**Ba**	란타넘족	**Hf**	**Ta**	**W**	**Re**	**Os**	**Ir**
세슘	바륨		하프늄	탄탈럼	텅스텐	레늄	오스뮴	이리듐
87	88	89~103	104	105	106	107	108	109
Fr	**Ra**	악티늄족	**Rf**	**Db**	**Sg**	**Bh**	**Hs**	**Mt**
프랑슘	라듐		러더포듐	더브늄	시보귬	보륨	하슘	마이트너륨

란타넘족	57	58	59	60	61	62
	La	**Ce**	**Pr**	**Nd**	**Pm**	**Sm**
	란타넘	세륨	프라세오디뮴	네오디뮴	프로메튬	사마륨

악티늄족	89	90	91	92	93	94
	Ac	**Th**	**Pa**	**U**	**Np**	**Pu**
	악티늄	토륨	프로트악티늄	우라늄	넵투늄	플루토늄

10	11	12	13	14	15	16	17	18
								2 **He** 헬륨
			5 **B** 붕소	6 **C** 탄소	7 **N** 질소	8 **O** 산소	9 **F** 플루오린	10 **Ne** 네온
			13 **Al** 알루미늄	14 **Si** 규소	15 **P** 인	16 **S** 황	17 **Cl** 염소	18 **Ar** 아르곤
28 **Ni** 니켈	29 **Cu** 구리	30 **Zn** 아연	31 **Ga** 갈륨	32 **Ge** 저마늄	33 **As** 비소	34 **Se** 셀레늄	35 **Br** 브로민	36 **Kr** 크립톤
46 **Pd** 팔라듐	47 **Ag** 은	48 **Cd** 카드뮴	49 **In** 인듐	50 **Sn** 주석	51 **Sb** 안티모니	52 **Te** 텔루륨	53 **I** 아이오딘	54 **Xe** 제논
78 **Pt** 백금	79 **Au** 금	80 **Hg** 수은	81 **Tl** 탈륨	82 **Pb** 납	83 **Bi** 비스무트	84 **Po** 폴로늄	85 **At** 아스타틴	86 **Rn** 라돈
110 **Ds** 다름슈타튬	111 **Rg** 뢴트게늄	112 **Cn** 코페르니슘	113 **Nh** 니호늄	114 **Fl** 플레로븀	115 **Mc** 모스코븀	116 **Lv** 리버모륨	117 **Ts** 테네신	118 **Og** 오가네손

63	64	65	66	67	68	69	70	71
Eu 유로퓸	**Gd** 가돌리늄	**Tb** 터븀	**Dy** 디스프로슘	**Ho** 홀뮴	**Er** 어븀	**Tm** 툴륨	**Yb** 이터븀	**Lu** 루테튬
95	96	97	98	99	100	101	102	103
Am 아메리슘	**Cm** 퀴륨	**Bk** 버클륨	**Cf** 캘리포늄	**Es** 아인슈타이늄	**Fm** 페르뮴	**Md** 멘델레븀	**No** 노벨륨	**Lr** 로렌슘

51

금속을 섞은 합금이란 무엇일까?

우리 주변에는 여러 종류의 금속이 있지만 그 대부분은 순수한 금속이 아니다. 금속 몇 종류가 섞인 '합금'이다.

청동시대

세계사는 석기시대, 청동기시대, 철기시대로 나뉜다. 현대는 철기시대에 해당한다. 청동기시대는 기원전 3500년경부터 기원전 1200년경까지로 추정된다. 이 시기에 인류는 청동으로 각종 도구, 무기를 만들었다.[1]

이처럼 청동은 인류가 최초로 사용한 금속이었던 듯하다. 청동은 합금이다. 청동은 구리Cu와 주석Sn의 합금으로, 영어로는 bronze라고 한다. 청동의 색깔은 주석의 비율에 따라 금색부터 초콜릿색까지 다양하게 변한다.

나라의 대불과 같이 일본에 있는 금속 불상은 대부분 청동으로 만들어졌는데, 그 색깔은 초콜릿색이다. 그럼에도 불구하고 '파란 구리', 즉 청동이라 부르는 이유는 녹이 슬면 구리의 녹인 녹청이 생겨나 청록색으로 변하기 때문이다. 가마쿠라시의 청동 대불이 좋은 예라고 할 수 있겠다.

---

1 중국은 뛰어난 청동 제조법을 보유했기 때문에 철기의 필요성을 느끼지 못했을 거라는 설이 있다. 이것이 문명이 발전한 중국에서 철기의 도입이 뒤처진 이유일지도 모른다.

브라스밴드와 화폐

구리와 아연의 합금은 놋쇠(황동)로, 영어로는 brass라고 한다. 금색 합금인 놋쇠는 잘 닦으면 금처럼 아름답게 반짝인다. 그래서 취주악용 악기에 자주 사용된다. 취주악단을 브라스밴드라고 부르는 이유는 악기에 사용되는 놋쇠(브라스) 때문이다.

동전에는 놋쇠(5원), 백동(구리+니켈Ni, 100원, 500원), 양백(구리+아연+니켈, 50원) 등 구리 합금이 많이 사용된다. 이는 구리가 지닌 살균작용 때문이라고 한다.

새로운 합금

최근에는 항공기가 발전함에 따라 가볍고 튼튼한 합금이 필요해졌다. 이러한 용도에 부응하는 합금으로는 **타이타늄 합금**이 있다. 가볍고 강하고 잘 녹슬지 않는 타이타늄Ti에 바나듐V이나 팔라듐Pd 등을 섞은 합금으로, 특히 전투기에 빼놓을 수 없다.

또한 마그네슘Mg에 알루미늄Al이나 아연Zn 등을 섞은 **마그네슘 합금**은 가볍고 튼튼하기 때문에 항공기나 자동차의 휠, 혹은 노트북의 프레임(골격) 등에 사용되고 있다.

이외에도 탄화텅스텐WC을 섞은 **초경합금**(철+WC), 800~1100℃의 고온을 버텨내는 **초내열합금**(철+코발트Co+텅스텐W), 반대로 우주공간의 극저온을 버텨내는 **마레이징강**(철+니켈+코발트) 등 각종 합금이 개발되고 있다.

52

어째서 스테인리스는 녹이 슬지 않을까?

자연계는 화학반응으로 이루어져 있다. 다양한 화학반응이 있지만 그중에서도 기본적인 것은 바로 산화환원반응이다. 금속의 녹이나 생물의 호흡 등 실로 다양한 상황에서 발생한다.

산소와의 반응

일반적인 식칼은 철Fe로 만들어져 있으며, 손질을 게을리 하거나 아무렇게나 방치하면 녹이 슨다. 철은 산소와 결합해 쉽게 녹이 스는 금속이기 때문이다.

철은 산소와 결합하면 산화철(III)Fe_2O_3이 된다. 이 산화철은 빨갛기 때문에 일반적으로 **빨간 녹**이라고 하는데, 표면이 거칠고 무른 빨간 녹은 계속해서 확산되다 끝내는 철을 너덜너덜하게 부식시켜버린다.

또 한 가지 철에 스는 녹으로 사산화삼철Fe_3O_4이라는 산화물이 있다. 검기 때문에 일반적으로 **검은 녹**이라 불리는 이 녹은 표면이 치밀하고 단단해 내부로 확산되지 않으며 철의 표면을 보호해준다. 이러한 녹을 부동태라고 한다.

다만 사산화삼철은 일반적으로 자연에서 발생하는 물질이 아니라 철의 표면에 인위적으로 고열을 가했을 때 발생한다.

산화와 환원의 정의

원자나 분자가 산소와 결합하는 반응을 산화반응이라 하며, 그 결과 생성된 물질을 일반적으로 산화물이라 부른다. 금속이 산소와 결합했을 경우에는 금속이 '녹슬었다'라고 표현한다. 산화환원반응은 '산소를 주고받는 반응'이라 생각하면 이해하기 쉬울 것이다.

① 어느 원소가 산소와 결합했을 때, 그 원소는 **산화되었다**고 표현한다.
② 어느 분자에서 산소가 제거되었을 때, 그 분자는 **환원되었다**고 표현한다.

알루미늄Al과 산화철Fe$_2$O$_3$의 혼합물에서 발생하는 반응으로 테르밋 반응이 있다. 강한 빛과 고온을 발생시키는 반응으로 유명하다.

$$2Al + Fe_2O_3 \longrightarrow Al_2O_3 + 2Fe$$

이 반응을 통해 알루미늄Al은 산소와 결합해 산화알루미늄Al$_2$O$_3$이 된다. 따라서 Al은 정의 ①에 따라 **산화된** 셈이다. 반대로 Fe$_2$O$_3$은 산소를 잃게 된다. 따라서 Fe$_2$O$_3$은 정의 ②에 따라 **환원된** 셈이다.

산화제와 환원제의 정의

상대 물질을 산화시키는 약품을 산화제, 상대 물질을 환원시키는 약품을 환원제라고 부른다. 산소를 기준으로 생각해보면 다음과 같다.

③ 상대 물질에 산소를 주는 물질을 **산화제**라고 부른다.
④ 상대 물질에서 산소를 빼앗는 물질을 **환원제**라고 부른다.

이 정의를 토대로 테르밋 반응을 살펴보자. Fe_2O_3은 Al에 산소를 준다. 따라서 Fe_2O_3은 정의 ③에 따라 산화제로서 작용하는 셈이다. 반대로 Al은 Fe_2O_3에서 산소를 빼앗는다. 그러므로 정의 ④에 따라서 Al은 환원제로 작용하는 셈이다.

금속산화물

철뿐만 아니라 금, 은, 백금 등의 귀금속을 제외한 여러 금속과 원소는 산소와 반응해 산화물이 된다. 일반적으로 암석이나 광물이라 불리는 물질 대부분은 이와 같은 산화물이다.

귀금속 등 소수만 금속 상태로 산출되고, 나머지는 산화물이나 황화물 등의 상태로 산출된다. 따라서 지각에 존재하는 원소 중 중량 면에서 가장 많은 것은 산소인 셈이다. 두 번째로 많은 원소는 규소Si, 세 번째가 알루미늄Al, 그리고 네 번째가 바로 철Fe이다.

부동태

녹이란 금속이 산소와 반응(산화)해 생겨나는 물질로, 귀금속을 제외하면 거의 모든 금속은 녹이 슨다. 하지만 녹에는 두 가지 종류가 있는데, 바로 금속의 내부까지 확산되어 결국 금속을 부식시키는 녹과

금속 표면에 머무른 채 내부로는 진행되지 않는 녹이다.

후자와 같은 녹을 부동태라고 부른다. 부동태는 치밀하고 단단한 구조가 방어벽으로 작용해 더 이상 녹이 내부로 진행되지 못한다. 부동태로 잘 알려진 물질이 바로 알루미늄의 녹Al_2O_3으로, 산화알루미늄 혹은 흔히 알루미나라고 불리는 물질이다.[1]

참고로 보석인 루비나 사파이어는 모두 알루미나의 단결정으로, 말하자면 알루미늄 도시락 통의 표면이 단단해진 것이나 마찬가지다. 불순물로 크로뮴Cr이 섞이면 빨간 루비가 되고, 철이나 타이타늄Ti이 섞이면 파랗게 변한다. 보석에서 빨간색 이외의 산화알루미나 단결정은 모두 사파이어라고 한다.

스테인리스가 녹슬지 않는 이유

스테인리스란 'Stain(녹)+less(없다)'라는 의미로, 녹이 잘 슬지 않게끔 강철에 다른 금속을 첨가한 합금이다. 1913년에 영국의 야금학자인 해리 브리얼리가 발명했다. 일반적으로 스테인리스는 13% 이상의 크로뮴이 함유된 강철을 말하는데, 훨씬 성능이 뛰어난 '18-8 스테인리스'는 크로뮴 18%, 니켈 8%, 나머지는 철로 이루어졌다.

크로뮴과 니켈 모두 부동태를 형성하지만 스테인리스의 경우는 특히 크로뮴이 얇고 단단한 부동태를 형성해 더 이상 산화되지 못하게 저항한다. 크로뮴의 부동태 막은 투명할 정도로 얇아서 내부 금속의

---

1 알루미늄의 표면에 인공적으로 알루미나를 석출시킨 제품은 '알루마이트'라는 상품명으로 불린다.

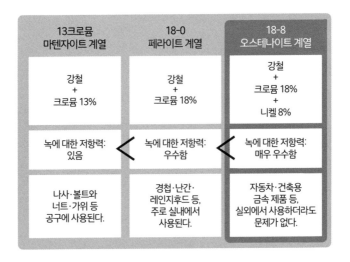

13크로뮴 마텐자이트 계열	18-0 페라이트 계열	18-8 오스테나이트 계열
강철 + 크로뮴 13%	강철 + 크로뮴 18%	강철 + 크로뮴 18% + 니켈 8%
녹에 대한 저항력: 있음	녹에 대한 저항력: 우수함	녹에 대한 저항력: 매우 우수함
나사·볼트와 너트·가위 등 공구에 사용된다.	경첩·난간· 레인지후드 등, 주로 실내에서 사용된다.	자동차·건축용 금속 제품 등, 실외에서 사용하더라도 문제가 없다.

다양한 스테인리스

광택이 그대로 보이기 때문에 스테인리스 특유의 예리한 광택이 감도는 아름다운 상태가 유지된다.

스테인리스는 내열성, 기계적 강도도 모두 대단히 뛰어나므로 구조재로서도 현대 최고 수준의 성능을 자랑한다. 따라서 원자로의 노심부에 들어가는 내압용기에도 사용될 정도다.

결점이 있다면 비중이 7.7~7.9로 크다(무겁다)는 사실이다(철의 비중=7.87). 또한 스테인리스도 녹이 스는 경우가 있다. 스테인리스에 녹이 슬었을 때는 잘 닦아서 녹을 제거한 다음 말리면 원래대로 돌아간다. 그렇지 않을 경우에는 녹이 슨 부분을 깎아내는 편이 좋다고 한다. 그러면 새로운 금속면에 금세 새로운 부동태가 형성된다.

53

금속이 불에 타면 어떤 일이 벌어질까?

바비큐를 할 때 철판에 고기를 얹으면 고기는 구워지지만 철판은 타지 않는다. 가스레인지로 생선을 구워도 금속으로 만들어진 가스레인지는 타지 않는다. 금속은 정말로 타지 않는 것일까.

타는 금속도 있다

사실 금속이 불에 타지 않는다는 생각은 착각으로, 귀금속이라면 모를까 대부분의 금속은 조건에 따라 격렬하게 타오른다.

'철의 연소'라는 실험을 기억하는가. 산소가 채워진 입구가 넓은 유리병 안에 철솜을 넣은 뒤, 성냥불을 가까이 가져가면 철은 불똥을 흩날리며 맹렬히 타오른다. 다시 말해 **철도 충분한 산소가 있다면 불에 탄다.**

물과 반응해 산화되는 금속도 있다. 가벼운 은백색 금속(비중 0.97)인 나트륨Na을 쌀알만큼만 대야에 담긴 물에 넣으면 수면을 떠다니다 결국에는 펑, 하고 소리를 내며 불길을 일으킨다.

이는 나트륨이 물과의 강한 반응을 통해 산화되면서 산화나트륨 Na_2O과 가연성인 수소가스H_2를 만들어내고, 수소가스가 반응열 때문에 공기 중 산소와 반응해 불이 붙은 결과다.

$$2Na \ + \ H_2O \longrightarrow Na_2O \ + \ H_2$$

$$2H_2 \ + \ O_2 \longrightarrow 2H_2O$$

나트륨이 쌀알 크기여서 이 정도 반응에 그쳤지, 만약 양이 많았다면 대폭발을 일으켰을 것이다.

금속 화재

2012년 5월 22일 새벽, 일본 기후현 도키시에 위치한 금속 가공 공장에서 원재료인 마그네슘Mg에 불이 붙는 화재가 발생했다. 소방차가 출동했지만 불이 붙은 마그네슘에 물을 끼얹었다간 수소가스가 발생해 폭발을 일으키기 때문에 제대로 진화할 수 없었다. 어쩔 수 없이 마그네슘이 모두 타버릴 때까지 불이 옮겨 붙지 않도록 화재를 지켜볼 수밖에 없었다.

$$Mg + H_2O \longrightarrow MgO + H_2$$

결국 불은 6일 뒤인 5월 28일에야 꺼졌다. 이후로도 공장 주변은 고온 상태가 지속되었고, 6월 13일이 되어서야 현장 답사가 가능해졌다.

금속 화재의 원인으로는 이 외에도 철Fe, 알루미늄Al, 아연Zn, 칼슘Ca, 칼륨K, 리튬Li 등이 있다. 이처럼 금속 화재는 한 번 발생하면 효과적인 소화 수단이 없다.

실험실에서 발생하는 소규모 화재라면 마른 모래를 끼얹어서 산소를 차단해 불을 끌 수 있겠지만(질식소화) 대규모 화재에서는 현실적인 수단이 되지 못한다. 금속을 취급하는 사람은 금속도 불에 탄다는 인식을 갖고 조심, 또 조심해야 할 것이다.

제 9 장

'원자와 방사능'의 화학

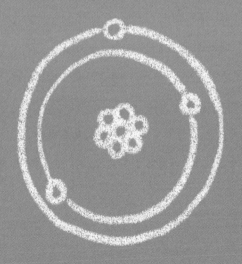

54

원자와 원자핵은 무엇일까?

우리가 살아가는 세상은 '물질'로 이루어져 있다. 그리고 모든 물질은 '원자'로 이루어져 있다. 원자는 물질을 만드는 궁극의 '입자'다.

원자는 눈으로 볼 수 없다

우리가 눈으로 보는 온갖 사물은 '원자'로 형태를 이루고 있다. 그렇다면 '원자'란 무엇일까.

예를 들어, 풍선이나 기구, 비행선을 떠올려보자. 이들 내부에는 헬륨가스가 채워져 있다. 테마파크에 가면 종종 하늘로 날아간 풍선을 보게 된다. 헬륨가스는 무척 가볍기 때문에 풍선이나 기구를 띄울 수 있는 것이다.

또한 헬륨은 끓는점이 −269℃로 무척 낮다. 이 뛰어난 냉각 성능을 이용해, 뇌의 단층사진을 촬영하는 MRI[1]나 자기부상열차의 차체를 자석의 반발력으로 띄우는 데 쓰이는 초전도자석의 냉각제 등, 현대 과학에 빼놓을 수 없는 소재로 활용되고 있다.

이 헬륨가스를 구성하는 물질이 바로 **헬륨 원자**다.

하지만 우리는 이 원자를 눈으로 볼 수 없다. 현재 최고의 성능을

---

1 MRI는 Magnetic Resonance Imaging의 약자. 체내에 존재하는 수소 원자가 자기에 반응하는 원리를 이용한 자기공명영상법이라 불리는 화상 진단법의 일종이다.

자랑하는 전자 현미경을 사용하더라도 원자 1개의 형태를 자세히 관찰할 수는 없다.[2]

원자는 구름과 같다?

하지만 다양한 실험 결과를 종합해보면 원자는 구름으로 이루어진 공 같은 물질이라 생각된다.

구름이란 '윤곽이 뚜렷하지 않음'을 말한다. 안개가 짙어지면 구름이 되는데, 안개 속에 들어가면 어디까지가 안개고 어디까지가 구름인지 그 영역이 애매모호해진다. 원자란 흡사 이와 같은 느낌이다.

원자를 구성하는 이 구름은 −1단위의 전하를 가진 **전자**라고 하는 입자로 이루어져 있기 때문에 '전자구름'이라고 불린다. 그리고 전자구름의 중심에는 **원자핵**이라 하는 작고 밀도가 높은 입자가 하나 자리해 있다.

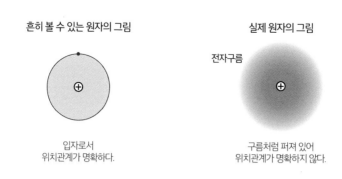

흔히 볼 수 있는 원자의 그림

입자로서
위치관계가 명확하다.

실제 원자의 그림

전자구름

구름처럼 퍼져 있어
위치관계가 명확하지 않다.

2　이는 시간이 지나더라도 마찬가지다. 원자와 같이 작은 입자를 관찰하기란 양자화학의 원리에 따라 불가능하다고 여겨지기 때문이다.

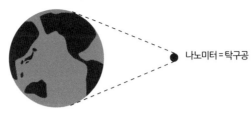

지구 = 미터 사이즈로 나타냈을 때

'나노' 크기의 상상도

원자의 크기는 어느 정도일까?

원자에는 수소 원자처럼 작은 것부터 우라늄 원자처럼 큰 것까지 크기가 다양하나 평균적인 지름은 대략 10^{-10}m로 추정된다.

나노미터(10^{-9}m) 규모의 매우 작은 물질을 다루는 기술을 '나노 기술'이라 하는데, 원자의 지름은 나노미터의 10분의 1, 부피로 따지자면 1000분의 1인 셈이다.

이렇게 말해봐야 상상하기 어려울 것이다. 그러니 원자를 탁구공 크기라고 생각해보겠다. 그러면 동일한 확대율로 나타낸 본래의 탁구공은 지구 정도의 크기가 된다.

지금까지 원자는 전자구름과 그 중심에 위치한 작고 밀도가 높은 원자핵으로 이루어져 있다는 사실을 설명했다. 그렇다면 원자핵이란 어떠한 물질인지 살펴보자.

원자핵의 크기는 어느 정도일까?

원자핵의 지름은 약 10^{-14}m다. 지름이 10^{-10}m인 원자와 비교한다면 원자의 크기는 원자핵의 10^4배, 다시 말해 1만 배나 되는 셈이다. 이는 원자핵을 지름 1cm의 공이라 가정했을 때 원자의 지름은 10^4cm, 즉 10^2m=100m가 됨을 의미한다. 이해를 돕기 위해서 예를 들어 보겠다. 돔 야구장 2개를 합친 것을 원자라고 생각해보자. 그러면 원자핵은 투수 마운드에 놓인 쇠구슬 정도의 크기인 셈이다.

원자핵은 지름이 원자의 1만 분의 1이니, 부피로 따지자면 1조 분의 1이다. 거의 무시하고 넘어갈 만한 크기에 불과하다.

그런데 원자의 무게 중 99.9% 이상은 이 원자핵이 차지한다. 다시 말해 **원자핵은 터무니없이 밀도가 높은 입자**라는 뜻이다.

반면 전자구름은 부피만 크지 무게(실체)가 없는, 그야말로 구름과 같은 물질이라 해도 과언이 아니다. 하지만 **원자의 반응, 화학반응을 지배하는 것은 이 전자구름이다.** 원자핵은 화학반응과는 무관하다.[3]

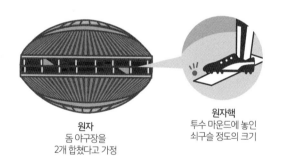

원자
돔 야구장을
2개 합쳤다고 가정

원자핵
투수 마운드에 놓인
쇠구슬 정도의 크기

원자와 원자핵의 크기 비교(상상도)

---

3 하지만 원자로나 원자력발전, 혹은 원자폭탄, 수소폭탄에는 전자구름이 아닌 원자핵이 관여하고 있다.

원자핵을 구성하는 입자

이처럼 작고 무거운 원자핵이지만 사실은 원자핵 역시 2종류의 더욱 작은 입자로 이루어져 있다. 바로 양성자(p)와 중성자(n)다. 양성자는 +1단위의 전하와 1질량단위의 무게를 갖고 있다. 반면 중성자는 1질량단위의 무게를 가지지만 전하는 지니고 있지 않다.

원자핵을 구성하는 양성자의 개수를 원자번호(Z), 양성자와 중성자의 개수의 합을 질량수(A)라고 한다. A는 ^{235}U나 ^{238}U처럼 원소기호의 좌측 상단에 첨자로 표기하도록 되어 있다.

원자의 상대적인 무게를 나타내는 수치로 '원자량' 있는데, 대부분의 원자에서 원자량은 질량수와 거의 동일하다.

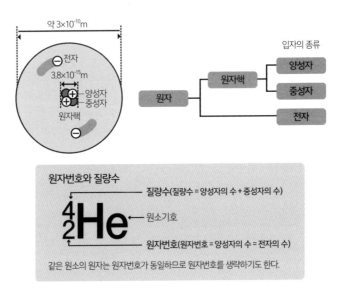

예) 헬륨 원자He

원자는 원자번호와 동일한 개수의 전자를 지니고 있다. 그 결과, 전자구름의 전하는 −Z가 되어 원자핵의 전하 +Z와 상쇄되므로 **원자의 전기적 성질은 전체적으로 중성이** 된다.

원자 중에는 양성자의 수는 동일하지만 중성자의 수가 다른, 다시 말해 Z는 동일하지만 A가 다른 원자가 있다. 이러한 원자들을 '동위체(아이소토프)'라고 부른다. 앞서 언급된 ^{235}U와 ^{238}U가 그 예다.

동위체는 전자의 수, 다시 말해 전자구름의 구조와 성질이 동일하기 때문에 화학적 성질도 완전히 동일하다. 즉, 똑같은 화학반응을 일으킨다는 뜻이다. 하지만 원자핵이 다르기 때문에 원자핵반응은 다르다.

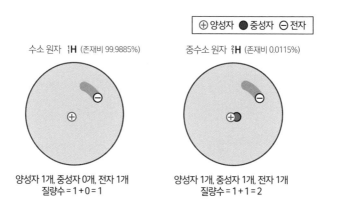

| ⊕ 양성자 | ● 중성자 | ⊖ 전자 |

수소 원자 ^1_1H (존재비 99.9885%)

중수소 원자 ^2_1H (존재비 0.0115%)

양성자 1개, 중성자 0개, 전자 1개
질량수 = 1 + 0 = 1

양성자 1개, 중성자 1개, 전자 1개
질량수 = 1 + 1 = 2

수소의 동위체

55

원자의 종류는 얼마나 될까?

우주의 모든 물질은 원자로 이루어져 있다. 우주에 존재하는 물질의 종류는 그야말로 무한대라 해도 과언이 아닐 정도로 많지만 그 물질들을 구성하는 원자의 종류는 놀라울 만큼 적다.

원자의 종류

지구상의 자연계에 존재하는 원자는 겨우 90종 정도에 불과하다. 사실은 그 밖에 인간이 인공적으로 만들어낸 원자도 있다. 하지만 그 원자들을 포함하더라도 118종에 지나지 않는다.

모든 원자를 일람으로 정리한 표를 주기율표라고 부른다(192쪽 참조). 주기율표는 원자를 원자번호(크기) 순으로 나열한 다음, 적당한 위치에서 넣은 표다. 주기율표의 맨 윗부분에는 1~18까지의 숫자(족 번호)가 있다. 이는 달력의 '요일'에 해당한다. 예를 들어, 족 번호 1 밑으로 배치된 원자는 1족 원자라고 하며 모두 성질이 비슷하다. 족 번호 18 밑으로 배치된 원자 역시 마찬가지다.

주기율표와 원소의 성질

주기율표를 보면 원자의 성질을 추정할 수 있다. 그중에는 적지만 기체 형태인 원자도 있는데, 수소를 제외하면 주기율표 오른쪽 끝에 집중되어 있다.

원자는 철이나 구리, 금 등의 금속원자와 그 외의 비금속원자로 나눌 수 있다. 이 비금속원자 역시 원자번호 1인 수소H를 제외하면 모두 주기율표 우측 상단에 모여 있다. 비금속원자의 종류는 수소를 포함하더라도 불과 22종류밖에 되지 않는다. 나머지 70종에 가까운 자연계의 원소는 모두 금속원자다. 그런데 모든 생명체는 비금속원자를 주체로 삼아 형성되어 있다.

원자핵반응을 활발하게 일으켜 원자로의 연료나 핵폭탄의 원료로 쓰이는 토륨Th, 우라늄U, 플루토늄Pu 등의 원자는 모두 주기율표 맨 아래쪽, 악티늄족 원자에 속해 있다. 이른바 원자번호가 큰, 즉 덩치 큰 원자로 한정되어 있는 것이다.

이처럼 주기율표를 보면 원자의 성질과 반응성이 알기 쉽다.

원자량

원자는 매우 작은 물질이므로 원자 1개의 무게를 측정하기란 현실적으로 불가능하다. 그래서 각 원자의 상대적인 무게를 정의해 이를 원자량이라 부르기로 했다. 주된 원자의 원자량은 H = 1, C = 12, N = 14, O = 16이다. 간단한 수치이니 외워두면 여러모로 편리하다.

원자 하나씩은 가벼울지라도 많은 수가 모이면 나름 무게가 된다. 어마어마한 개수가 필요하겠지만 일정 개수가 모이면 그 집단의 무게는 원자량(의 수치에 g를 붙인 것)이 된다.[1]

----

[1] 이때 원자의 개수를 세어보면 6×10^{23}이 된다. 이 사실을 발견한 화학자의 이름에서 유래해 '아보가드로수'라고 부른다. 아보가드로수만큼 모인 집단을 1몰이라고 한다.

【원소 주기율표】

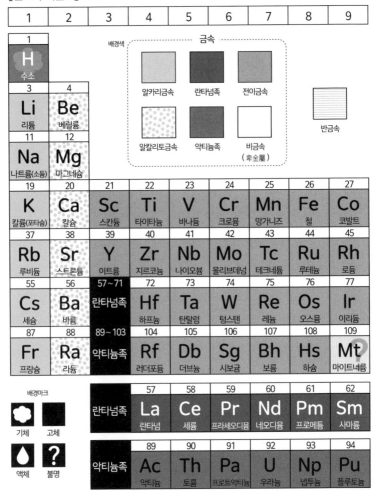

1	2	3	4	5	6	7	8	9

배경색

금속

- 알카리금속
- 란타넘족
- 전이금속
- 알칼리토금속
- 악티늄족
- 비금속 (卑金屬)

반금속

1 H 수소								
3 Li 리튬	4 Be 베릴륨							
11 Na 나트륨(소듐)	12 Mg 마그네슘							
19 K 칼륨(포타슘)	20 Ca 칼슘	21 Sc 스칸듐	22 Ti 타이타늄	23 V 바나듐	24 Cr 크로뮴	25 Mn 망가니즈	26 Fe 철	27 Co 코발트
37 Rb 루비듐	38 Sr 스트론튬	39 Y 이트륨	40 Zr 지르코늄	41 Nb 나이오븀	42 Mo 몰리브데넘	43 Tc 테크네튬	44 Ru 루테늄	45 Rh 로듐
55 Cs 세슘	56 Ba 바륨	57~71 란타넘족	72 Hf 하프늄	73 Ta 탄탈럼	74 W 텅스텐	75 Re 레늄	76 Os 오스뮴	77 Ir 이리듐
87 Fr 프랑슘	88 Ra 라듐	89~103 악티늄족	104 Rf 러더포듐	105 Db 더브늄	106 Sg 시보귬	107 Bh 보륨	108 Hs 하슘	109 Mt 마이트너륨

배경마크

- 기체
- 고체
- 액체
- ? 불명

란타넘족	57 La 란타넘	58 Ce 세륨	59 Pr 프라세오디뮴	60 Nd 네오디뮴	61 Pm 프로메튬	62 Sm 사마륨

악티늄족	89 Ac 악티늄	90 Th 토륨	91 Pa 프로트악티늄	92 U 우라늄	93 Np 넵투늄	94 Pu 플루토늄

10	11	12	13	14	15	16	17	18

비금속원소

비금속
（非金屬）

비활성기체

								2 He 헬륨
			5 B 붕소	6 C 탄소	7 N 질소	8 O 산소	9 F 플루오린	10 Ne 네온
			13 Al 알루미늄	14 Si 규소	15 P 인	16 S 황	17 Cl 염소	18 Ar 아르곤
28 Ni 니켈	29 Cu 구리	30 Zn 아연	31 Ga 갈륨	32 Ge 저마늄	33 As 비소	34 Se 셀레늄	35 Br 브로민	36 Kr 크립톤
46 Pd 팔라듐	47 Ag 은	48 Cd 카드뮴	49 In 인듐	50 Sn 주석	51 Sb 안티모니	52 Te 텔루륨	53 I 아이오딘	54 Xe 제논
78 Pt 백금	79 Au 금	80 Hg 수은	81 Tl 탈륨	82 Pb 납	83 Bi 비스무트	84 Po 폴로늄	85 At 아스타틴	86 Rn 라돈
110 Ds 다름슈타튬	111 Rg 뢴트게늄	112 Cn 코페르니슘	113 Nh 니호늄	114 Fl 플레로븀	115 Mc 모스코븀	116 Lv 리버모륨	117 Ts 테네신	118 Og 오가네손

63 Eu 유로퓸	64 Gd 가돌리늄	65 Tb 터븀	66 Dy 디스프로슘	67 Ho 홀뮴	68 Er 어븀	69 Tm 툴륨	70 Yb 이터븀	71 Lu 루테튬
95 Am 아메리슘	96 Cm 퀴륨	97 Bk 버클륨	98 Cf 캘리포늄	99 Es 아인슈타이늄	100 Fm 페르뮴	101 Md 멘델레븀	102 No 노벨륨	103 Lr 로렌슘

분자량과 기체의 무게

원자량과 마찬가지로 분자에 대해서도 상대적인 무게를 정의해 이를 분자량이라 부르기로 했다. 구체적으로 말하자면 분자량은 분자를 구성하는 원자의 원자량을 모두 합친 것이다.

즉, 수소 분자 H_2를 예로 들자면 분자량은 $1 \times 2 = 2$다. 물 H_2O이라면 $1 \times 2 + 16 = 18$이고, 이산화탄소 CO_2라면 $12 + 16 \times 2 = 44$가 된다. 또한 질소와 산소의 4:1 혼합물인 공기의 (평균) 분자량은 28.8로 볼 수 있다.

그리고 원자와 마찬가지로 분자의 경우에도 분자 1몰의 무게(질량)는 분자량(의 수치에 g를 붙인 것)이 된다.

분자량은 기체의 무게에서 큰 의미를 지닌다. 기체 역시 분자의 모임이니 무게가 있다. 따라서 기체 1몰은 분자량(+g)과 무게가 동일하다.[2] 0℃·1기압에서 22.4L인 수소가스 H_2는 2g, 헬륨가스 He는 4g, 천연가스인 메탄가스 CH는 16g, 수증기 H_2O는 18g이 된다. 질소가스 N_2는 28g, 공기는 28.8g이 된다.

보다시피 지금까지 언급된 가스는 모두 공기보다 가볍기 때문에 위쪽으로 떠오른다.

반면 산소가스 O_2(32g), 이산화탄소 CO_2(44g), 황화수소 H_2S(34g), 염소가스 Cl_2(71g) 등은 공기보다 무거우므로 지상에 고인다.

---

2 또한 1몰의 기체는 그 종류와 무관하게 0℃, 1기압에서 부피가 22.4L다.

56

원자핵반응이란 무엇일까?

원자나 분자가 일으키는 반응을 일반적으로 화학반응이라 부른다. 한편으로 원자핵이 일으키는 반응은 원자핵반응이라 부른다. 원자핵반응이란 무엇일까.

화학반응과 원자핵반응

원자는 부피는 크지만 무게는 있으나 마나한 수준인 전자구름과 부피는 있으나 마나한 수준이지만 원자에서 대부분의 무게를 차지하는 원자핵으로 이루어져 있다.

산화환원반응이나 중화반응 등의 화학반응은 전자구름이 일으킨다. 원자핵은 화학반응에 전혀 관여하지 않는다. 그저 전자구름 안쪽 깊은 곳에 가만히 자리하고 있을 따름이다.

하지만 원자핵도 반응을 일으키는 경우가 있다. 그 반응이 바로 원자핵반응이다. **원자핵반응이란 원자핵이 다른 원자핵으로 변하는 반응으로, 원소가 다른 원소로 변하는 '엄청난' 현상이다.**

연금술

중세에는 연금술사들이 납Pb과 같은 값싼 금속을 금Au 등의 값비싼 귀금속으로 바꾸는 데 도전했다. 하지만 이후 원소를 다른 원소로 바꿀 수는 없다는 사실이 '명백'해졌고, 이러한 사고방식은 20세기 초까지 이어졌다.

하지만 앞서 설명한 원자핵반응은 원소를 다른 원소로 바꿀 수 있음을 가리킨다. 실제로 현재는 수은Hg과 같은 비금속을 금으로 바꿀 수 있게 되었다. 다시 말해 연금술이 실현된 것이다. 하지만 수은을 금으로 바꾸려면 원자로가 필요한데, 원자로를 건설하고 유지하는 데는 막대한 비용이 든다.[1]

지구의 중심 온도

지구의 온도는 중심으로 향할수록 높아진다. 지구의 중심 온도는 태양의 표면 온도에 가까운 약 6000℃라고 한다.

현재도 지구가 뜨거운 이유는 원자핵반응이 진행되고 있기 때문이다. 연소반응이라는 화학반응이 열을 방출하듯, 원자핵반응 역시 열을 방출한다. 게다가 원자핵반응의 발열량은 화학반응과는 차원이 다르다. 그래서 지구의 중심은 지금도 뜨거운 것이다. 원자핵반응은 지금 이 순간에도 벌어지고 있다.

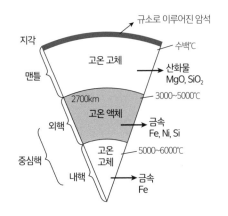

규소로 이루어진 암석
지각
수백℃
고온 고체
맨틀
산화물
MgO, SiO₂
2700km
3000~5000℃
고온 액체
금속
Fe, Ni, Si
외핵
중심핵
고온 고체
5000~6000℃
내핵
금속
Fe

---

1 원자로 하나를 건설하는 데 드는 비용은 11조 원 정도이며, 수은을 금으로 바꾸기 위해 원자로를 가동하는 데는 막대한 유지비가 필요하다. 결국 그렇게 해서 만들어진 인조 '금'에는 어마어마한 가격이 매겨질 것이다.

57

핵융합과 핵분열의 차이는 무엇일까?

핵폭탄은 원자핵반응, 수소폭탄은 핵융합반응, 원자폭탄은 핵분열반응을 이용한 폭탄이다. 각각의 차이는 무엇일까. 또한 원자력발전은 어떠한 반응을 이용한 것일까.

원자핵의 안정성

원자핵에는 원자번호가 작은 원자핵과 큰 원자핵이 있다. 아래의 그래프에는 원자핵의 안정성과 원자번호 사이의 관련성이 나타나 있다. 이 그래프의 양상은 일반적인 위치에너지 그래프와 동일해, 위쪽은 고에너지이지만 불안정하며 아래쪽은 저에너지이지만 안정적임을 나타낸다. 집을 예로 들자면 2층이 고에너지, 1층이 저에너지인 셈이다.

그래프에 따르면 수소 원자H(원자번호 1)처럼 작은 원자핵이든, 우라늄 원자U(원자번호 92)처럼 큰 원자핵이든, 모두 고에너지이며 불안정하다는 사실을 알 수 있다. 안정적인 원자는 원자번호 26 정도, 다시 말해 철Fe 부근인 셈이다.

그러므로 작은 원자핵 2개를 융합해(핵융합반응) 커다란 원자를 만들어내면 여분의 에너지가 방출된다. 이 에너지를 **핵융합에너지**라고 한다. 반대로 큰 원자핵을 부수어서(핵분열반응) 작게 만들어도 에너지가 방출된다. 이러한 에너지를 **핵분열에너지**라고 한다.

핵융합에너지와 핵분열에너지

태양과 같은 항성에서는 수소 원자H가 핵융합을 통해 헬륨 원자He로 변하는 핵융합반응이 일어나고 있다. 그리고 이 반응에서 방출되는 에너지(핵융합에너지)가 태양의 열기나 빛의 근원을 이룬다. 다시 말해 우리는 핵융합에너지의 은총을 받으며 살아가는 셈이다.

인류는 이 핵융합반응을 인위적으로 일으키는 데 성공했다. 하지만 이는 수소폭탄이라는 끔찍한 파괴 수단이었다. 현재는 핵융합반응을 평화적으로 이용해 전력을 만들어내려는 핵융합발전 연구가 각국의 협력 하에 진행되고 있다. 하지만 핵융합발전이 실용화되기까지 앞으로 수십 년은 더 걸릴 것이라고 한다.

한편으로 인류는 핵분열반응을 인위적으로 일으키는 데도 성공했다. 바로 히로시마나 나가사키에 떨어진 원자폭탄이다.

원자폭탄과 수소폭탄 모두 핵폭탄, 핵병기로 통하지만 그 원리와 위력은 전혀 다르다. 원자폭탄의 위력은 TNT 화약 2만 톤 정도인 반

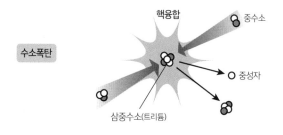

위력은 강력하지만 고온, 고압에서만 발생한다

핵융합

수소폭탄

중수소

중성자

삼중수소(트리튬)

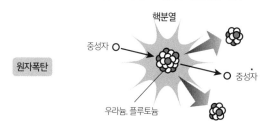

핵분열이 연속적으로 일어나 폭발을 일으킨다

핵분열

중성자

원자폭탄

중성자

우라늄, 플루토늄

수소폭탄과 원자폭탄의 차이

면 수소폭탄의 위력은 5000만 톤에 달한다고 하니 그 위력에는 현격한 차이가 있다. 다시 말해 인류가 일반적으로 사용하는 병기(권총, 기관총, 대포, 미사일 등)에 쓰이는 화학 폭약과는 비교조차 할 수 없는 위력을 지녔다는 뜻이다.

현대의 과학은 이러한 원자핵반응(핵융합반응과 핵분열반응)을 원자폭탄이나 수소폭탄과 같은 파괴의 수단이 아닌, 발전의 수단을 중심으로 한 평화적 목적으로 이용하고자 노력을 기울이고 있다.

58

우라늄 농축이란 무엇일까?

최근 이란이나 북한 등, 이제껏 핵폭탄을 보유하지 않았던 국가들이 핵폭탄을 갖추려 하고 있다. '우라늄 농축을 시작했다'는 뉴스를 접한 적이 있을 것이다.

원자의 무게

원자는 전자구름과 원자핵으로 이루어져 있으며, 전자구름이 화학반응을 지배한다. 우라늄 원자는 전자 92개로 된 전자구름이 있다. 따라서 모든 우라늄 원자는 동일한 화학반응을 일으킨다.

그런데 같은 우라늄 원자라도 원자핵의 구조가 다른 원자가 있다. 구체적으로 말하자면 원자핵의 무게가 다른 것이다. 우라늄 원자의 경우, 원자핵의 상대적인 무게가 235인 ^{235}U과 238인 ^{238}U이 있다.

두 원자는 화학반응성은 완전히 동일하나, 원자핵반응성은 전혀 다르다. 요컨대 가벼운 쪽인 ^{235}U은 핵분열반응을 일으키므로 원자폭탄의 원료와 원자로의 연료로 쓰이는 반면, 무거운 쪽인 ^{238}U에서는 그와 같은 성질을 찾아볼 수 없다.

농축

자연계에 존재하는 우라늄은 이 두 우라늄이 혼합된 물질이지만 압도적으로 적은 쪽은 ^{235}U으로, 겨우 0.7%에 불과하다. 이래서야 폭탄

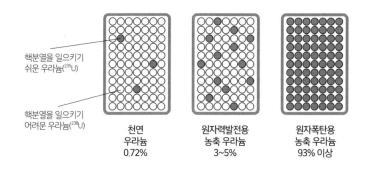

핵분열을 일으키기
쉬운 우라늄(^{235}U)

핵분열을 일으키기
어려운 우라늄(^{238}U)

천연
우라늄
0.72%

원자력발전용
농축 우라늄
3~5%

원자폭탄용
농축 우라늄
93% 이상

우라늄 함유율

에 사용하든, 원자로에 사용하든 ^{235}U의 농도가 너무 낮다. 원자로에 사용할 경우에는 3~5% 정도, 원자폭탄에 사용할 경우에는 93% 이상의 농도가 필요하다고 한다.

0.7%의 농도를 몇%에서 몇 십%까지 올리는 작업, 이 작업이 바로 **우라늄 농축**이다.

그렇다면 어떻게 해야 농도를 높일 수 있을까. ^{235}U과 ^{238}U은 화학적 성질이 완전히 똑같으니 화학반응으로 분리할 수 없다. 그래서 선택된 수단이 바로 무게의 차이를 이용한 분리다. 즉, 우라늄을 플루오린F_2과 반응시켜서 육플루오린화우라늄(육불화우라늄)UF_6이라는 기체로 만든 뒤, 이를 원심분리기로 분리하는 방식이다. 물론 한 번으로 끝날 리 없다. 몇 단계, 몇 십 단계에 걸쳐서 원심분리기로 분리해야 한다. 그러려면 고성능 모터와 막대한 전력이 필요하다.

현재 세계 각국에서는 이와 같은 방식으로 농축한 우라늄을 이용해 원자력발전을 하는 한편으로 원자폭탄을 만들고 있다.

59

원자폭탄과 원자로의 차이는 무엇일까?

원자폭탄, 원자로 모두 핵분열반응을 이용한 기술이다. 하지만 한쪽은 모든 것을 남김없이 파괴하는 폭탄, 다른 한쪽은 전력을 만들어내는 생산적인 시설이다. 차이는 어디에 있을까.

연쇄반응

핵분열반응은 연쇄반응이다. 앞서 언급한 ^{235}U에 중성자가 충돌하면 ^{235}U 원자핵이 분열되어 방사성폐기물, 핵분열에너지와 함께 중성자 몇 개를 방출한다. 간단히 설명하기 위해 중성자 수를 2개라고 가정하겠다.

그러면 이 중성자 2개가 ^{235}U 2개에 충돌해 합계 중성자 4개를 방출한다. 이와 같은 반응이 반복되면 분열되는 원자핵의 개수는 기하급수적으로 늘어나다 끝내는 폭발하게 된다. 이것이 바로 원자폭탄의 원리로, 이러한 반응을 분기연쇄반응이라 한다.

연쇄반응이 이처럼 확장되는 이유는 한 번의 반응에서 발생하는 중성자의 개수가 2개이기 때문이다. 만약 1개라면 반응은 계속되더라도 확대되지는 않을 것이다. 이처럼 확대되지 않는 연쇄반응을 정상연쇄반응이라 한다. 원자로 내부에서는 이와 같은 핵분열반응이 일어난다.

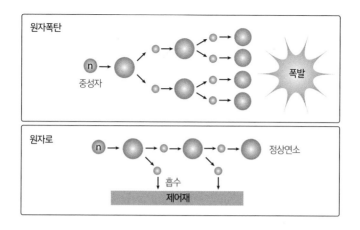

중성자 수의 제어

한 번의 핵분열에서 발생하는 중성자의 개수가 1개인 정상연쇄반응
은 원자로가 된다. 하지만 1개를 넘어설 경우에는 최종적으로는 원
자폭탄이 되고 만다.

여기서 중요한 사항이 바로 모든 중성자의 개수를 제어하는 것이
다. 제어하는 방법은 간단하다. 불필요한 중성자를 흡수해서 제거해
주면 된다. 이러한 역할을 수행하는 소재를 가리켜 제어재라고 한다.
제어재로는 중성자를 흡수하는 능력이 강한 붕소B, 하프늄Hf, 카드
뮴Cd 등이 사용된다.

카드뮴

카드뮴은 일본 도야마현의 진쓰강 유역에서 20세기 초부터 이어져

온 공해병인 이타이이타이병의 원인으로 지목된 금속이다.

앞서 나온 주기율표를 보면 카드뮴은 12족 원소로, 위에서부터 아연Zn, 카드뮴Cd, 수은Hg이 배치되어 있다. 다시 말해 이 3종류의 금속은 서로 성질이 비슷하다는 뜻이다.

아연은 예로부터 놋쇠 등의 합금이나 함석 등의 도금에 필수적인 금속이다. 그래서 광산에서 아연을 캐보니 그 아연 광석에 카드뮴이 섞여 있었던 것이다. 과거에는 쓸모가 없었던 카드뮴을 진쓰강에 버렸고, 이타이이타이병의 원인이 되고 말았다.

하지만 현재 카드뮴은 원자로나 반도체 등에 없어서는 안 될 금속으로 자리를 잡았다.

4대 공해병

병명	장소	원인물질	섭취경로	영향·증상
이타이이타이병	도야마현 진쓰강 유역	카드뮴 등	물이나 농작물	뼈가 약해져서 쉽게 골절을 일으키게 된다.
미나마타병 (구마모토미나마타병)	구마모토현 미나마타만 부근	유기수은	어패류	중추신경질환
니가타미나마타병	니가타현 가에쓰 지방 아가노강 유역	유기수은	어패류	중추신경질환
욧카이치천식	미에현 욧카이치시	아황산가스(SO_2) 등의 대기오염물질	공기 흡입	호흡기질환 (천식)

60

원자력발전은 어떻게 전기를 만들어낼까?

원자력발전을 지속해야 할지 중단해야 할지 활발한 논의가 이루어지고 있지만, 그 전에 원자력발전이란 본래 어떠한 것인지 알아둘 필요가 있다.

원자력발전의 기본 원리

원자력발전에서는 원자로라는 장치 안에서 핵분열반응을 일으켜, 그 열로 수증기를 발생시킨다. 그리고 원자로 밖으로 배출된 수증기를 이용해 발전기의 터빈을 돌려서 전기를 만들어낸다.

이는 보일러에서 만들어낸 수증기로 터빈을 돌려서 전기를 생산하는 화력발전과 똑같은 원리다. 즉, 원자로라 하면 뭔가 거창하게 들리지만 하는 일 자체는 화력발전소의 보일러와 다르지 않은 셈이다.

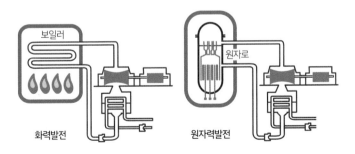

감속재

앞에서 원자로에는 제어재가 중요하다고 언급했다. 하지만 사실 원자로에는 한 가지 더 중요한 요소가 있는데, 바로 감속재다.

핵분열반응을 통해 생겨난 중성자는 고속 중성자라 하는데, 광속의 몇 분의 1이라는 매우 빠른 속도로 날아다니고 있다. 하지만 이와 같은 중성자는 ^{235}U와는 효율적으로 반응하지 못한다. 반응시키기 위해서는 속도를 떨어뜨려 열 중성자로 바꾸어주어야 한다.

이 역할을 수행하는 소재를 감속재라고 한다. 전하와 자성을 지니지 않은 중성자의 속도를 줄이려면 어딘가에 충돌시킬 수밖에 없다. 거기다 중성자와 무게(질량)가 같은 입자에 충돌시키는 것이 더 효율적이다. 이와 같은 조건에 안성맞춤인 입자는 중성자와 무게가 동일한 입자, 바로 수소 원자H다. 따라서 감속재로는 일반적으로 물H_2O을 사용한다. 다시 말해 원자로에는 **중성자를 흡수하는 제어재와 중성자의 속도를 떨어뜨리는 감속재가 필요**하다.

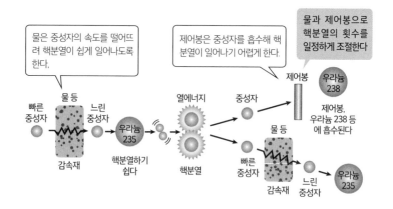

원자로의 구조

아래는 원자로를 최대한 간략화한 그림이다. 내부에는 ^{235}U로 이루어 진 연료체와 그 사이에 삽입된 제어재(제어봉)가 있다.

제어재를 깊숙이 밀어 넣으면 중성자를 많이 흡수하게 되므로 원자로의 출력은 낮아진다. 반대로 제어재를 꺼내면 중성자가 늘어나기 때문에 출력이 높아진다. 다시 말해 제어재는 원자로의 액셀러레이터와 브레이크를 겸하고 있는 셈이다.

원자로 내부는 물로 가득 차 있는데, 이 물이 핵분열반응의 에너지를 흡수하면서 가열되어 수증기로 변하고, 원자로 밖으로 빠져나와 발전기의 터빈을 돌린다. 동시에 물은 중성자의 속도를 낮추어주는 감속재의 역할도 겸하고 있다.

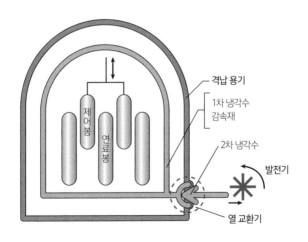

원자로

61

방사능과 방사선의 차이는 무엇일까?

일본에서 원전 사고가 발생한 이후로 뉴스에서 방사능, 방사선, 방사성물질 등 비슷한 단어들이
등장하기 시작했다. 이러한 단어들의 차이는 무엇이며 무엇을 나타내는지 살펴보도록 하자.

원자핵붕괴

원자핵반응이라 하면 핵융합과 핵분열이 유명하지만 한 가지 더 중
요한 반응이 있다. 바로 **원자핵붕괴**라는 원자핵반응이다. 이는 원자핵
이 작은 원자핵(원자핵 파편)이나 고에너지의 전자파를 방출하며 다
른 원자로 변해가는 반응이다.

이와 같은 반응을 일으키는 원자를 **방사성원소**, 이 반응에서 방출
되는 원자핵의 파편이나 전자파를 **방사선**이라고 부른다. 비슷한 단어
로는 **방사능**이 있는데, 방사능은 '방사선을 내뿜는 능력'을 가리킨다.
따라서 방사성원소라면 모두 방사능을 지닌 셈이다. 예를 들어, 투수
가 방사성원소라면 방사선은 투수가 던지는 공이다. 방사능은 투수
가 공을 던지는 능력이라 하면 이해하기 쉽지 않을까. 아무튼 맞았
을 때 아픈 쪽은 방사선으로, 방사능은 해를 끼치지 않는다.

방사선의 종류

방사선은 매우 위험한 물질로, 정면에서 방사선을 쬐었다간 목숨이 몇

개라도 부족하다. 그렇지만 방사선을 방어(차폐)하는 수단도 있다. 방사선에는 몇 가지 종류가 있는데, 널리 알려진 방사선은 다음과 같다.

α(알파)선: 고속으로 날아다니는 헬륨 원자핵이다. 알루미늄박 혹은 두꺼운 종이로 막을 수 있다.

β(베타)선: 고속으로 날아다니는 전자다. 수mm 두께의 알루미늄판, 혹은 1cm 정도의 플라스틱판으로 막을 수 있다.

γ(감마)선: 뢴트겐을 촬영할 때 쓰이는 X선과 마찬가지로 고에너지의 전자파다. 막으려면 두께 10cm 이상의 납판이 필요하다.

중성자선: 고속으로 날아다니는 중성자로, 두께 1m의 납판조차도 막아내지 못한다. 하지만 물이 효과적으로 막아준다.

원자핵붕괴의 종류

원자핵붕괴는 지구 내부는 물론 우리의 몸속에서도 벌어지고 있다. 우리의 몸 안에는 탄소 동위체 ^{14}C가 들어 있는데, ^{14}C는 β선을 방출하며 질소^{14}N로 변한다. 다시 말해 우리는 몸 안에서 방사선을 쬐고 있는 셈이다.

또한 지구 내부에서는 칼륨의 동위체 ^{40}K가 β선을 방출하며 칼슘^{40}Ca으로 변하고 있다. 그 외에 우라늄U이나 라듐Ra도 붕괴한다. 이때 발생하는 에너지 등이 축적된 결과, 지구의 내부는 온도가 5000~6000℃까지 높아져서 맨틀이라는 용암 상태를 이루게 되는 것이다.

반감기

원자로에서 사고가 발생하면 방사성물질의 누출이 문제가 된다. 예를 들어, 반감기가 8일인 아이오딘-131이나 반감기가 30년인 세슘-137이 누출되었다는 뉴스를 접한 독자도 있을 것이다. 그렇다면 반감기란 무엇일까.

출발물질 A가 생성물질 B로 변하는 반응인 A ⟶ B를 예로 들어 설명해보겠다. 반응이 시작되면 A는 B로 변하기 시작할 테니 A의 양(농도)은 시시각각 감소한다. 그리고 일정 시간이 지나면 A의 양은 정확히 처음의 절반으로 줄어들 것이다. 이때 **반응이 시작되고 양이 절반으로 줄어들기까지 걸린 시간을 반감기**라고 한다.

반감기의 2배의 시간이 지났다면 A의 양은 절반의 절반, 즉 4분의 1이 된다. 3배의 시간이 지났다면 또다시 절반으로, 처음의 8분의 1이 된다. 이처럼 A의 양은 시간이 지남에 따라 감소하는데, 감소의 양상은 시간이 경과하면서 완만해진다.

반감기가 짧은 반응은 빠른 반응, 긴 반응은 느린 반응인 셈이다.

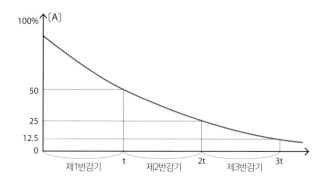

반감기가 긴 방사성원소는 환경이나 체내에 오랫동안 머무르며 그동안 계속해서 방사선을 방출한다.[1]

연대측정

원자의 반감기를 이용해 연대를 측정할 수 있다. 연대측정이란 오래된 나무 조각품을 예로 들었을 때, 그 나무 조각품이 지금으로부터 몇 년 전에 만들어진 물건인지를 추정하는 기술이다.

나무는 살아 있을 때에는 광합성을 해 공기 중 이산화탄소CO_2를 흡수한다. 탄소에는 동위체인 ^{14}C가 일정 비율 함유되어 있으므로 CO_2를 흡수한 식물 내부의 탄소에도 동일한 비율의 ^{14}C가 함유되어 있는 셈이다.

하지만 나무가 죽으면 그 뒤로는 광합성이 중단된다. 다시 말해 더이상 공기 중에서 새로운 ^{14}C가 유입되지 않는 것이다. ^{14}C는 방사성원소이니 반감기인 5730년이 지나면 질소N로 변한다. 그러니 목재 내부의 ^{14}C 농도는 끊임없이 줄어들고 있는 셈이다.

따라서 목재 내부의 ^{14}C 농도가 처음 농도의 절반으로 줄어 있었다면 나무는 쓰러진 이후로 5730년이 지났다는 말이 된다. 만약 농도가 4분의 1이었다면 반감기의 2배, 다시 말해 1만 1460년이 지난 셈이다. 이와 같은 방법으로 연대를 측정하는 것이다.

---

1 원자핵반응의 반감기는 천차만별이다. 긴 경우는 100억 년이 넘는(백금-190은 6900억 년, 인듐-115는 4000조 년) 원소부터 짧은 경우는 수천 분의 1초(니호늄-278은 0.00034초)인 원소까지 있다.

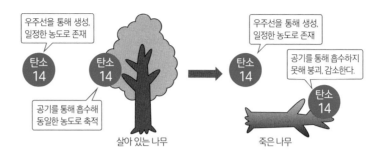

우주선을 통해 생성, 일정한 농도로 존재

탄소 14

탄소 14

공기를 통해 흡수해 동일한 농도로 축적

살아 있는 나무

우주선을 통해 생성, 일정한 농도로 존재

탄소 14

공기를 통해 흡수하지 못해 붕괴, 감소한다.

탄소 14

죽은 나무

사실 이러한 방법이 성립되려면 공기 중 이산화탄소에 함유된 ^{14}C의 농도는 변하지 않는다는 전제가 필요하다. 하지만 ^{14}C는 땅속에서 벌어지는 원자핵반응, 우주에서 내리쬐는 우주선 등을 통해 계속해서 보급되고 있기 때문에 그 농도는 변하지 않는다.

방사선치료법

방사선이라 하면 무섭고 위험하다는 인상이 강한 모양이다. 하지만 꼭 그렇지도 않다. 방사선은 현대 의학에서는 빼놓을 수 없는 무기로, 특히 암 치료에 널리 활용되고 있다.

암 종양은 특수한 재생·복제능력을 갖춘 특이 세포다. 이 세포를 박멸하기 위해서는 수술로 제거하거나 특정한 방법을 이용해 종양세포의 재생, 복제능력을 근절시킬 수밖에 없다.

후자의 유력한 수단이 바로 방사선을 이용한 치료법이다. 특히 양성자, 탄소 원자핵 등을 이용한 치료법이 주목을 받고 있다. 약과 독은 그야말로 쓰기 나름이다. 무서운 방사선도 사용법에 따라서는 든든한 아군이 되는 것이다.

제 10 장

'에너지'의 화학

62

메탄 하이드레이트란 무엇일까?

메탄 하이드레이트는 해저에 잠자고 있는 새로운 연료자원으로 눈길을 끌고 있다. 일본은 아쓰미 반도 근해에서 시험 채굴을 실시했다.[1]

메탄 하이드레이트란

메탄 하이드레이트는 셔벗 같은 하얀 물체로, '불타는 얼음'이라고도 불린다. 불을 붙이면 푸르스름한 불꽃과 열을 발생시키며 타오르고, 그 뒤에는 이산화탄소와 수증기가 남는다.

메탄 하이드레이트는 도시가스의 주성분인 메탄CH_4과 물H_2O이 결합한 화합물이다. 물은 신비한 분자로, 수소H는 +전하H^+를, 산소O

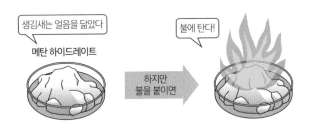

생김새는 얼음을 닮았다

메탄 하이드레이트

하지만 불을 붙이면

불에 탄다!

석유나 석탄과 비교하면 이산화탄소의 배출량도 적으므로 환경 문제 대책에 효과적이다.

---

1 한반도 해역에도 울릉도·독도 주변 등을 포함해 천연가스의 최소 20배 이상, 최대 수백 배에 이르는 엄청난 양이 매장된 것으로 알려지고 있다. -옮긴이

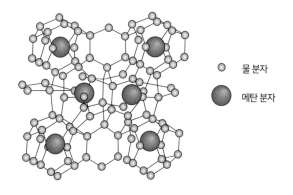

메탄 하이드레이트의 분자 구조

는 −전하O⁻를 띠고 있다. 그 결과, 어느 물 분자의 H⁺와 인접한 물 분자의 O⁻ 사이에는 정전인력[2]이 작용한다.

물의 결정인 얼음의 경우, 무수히 많은 물 분자 사이에서 이와 같은 인력이 작용하고 있다. 이 인력이 작용한 결과 형성된 물질이 위 그림의 새장처럼 생긴 포접화합물이다.

그림에 표시된 작고 하얀 동그라미 ◉는 물 분자의 산소 원자를 나타낸다. 그리고 크고 검은 동그라미 ●는 메탄 분자다. 새장은 다른 새장들과 한 변을 공유하므로 메탄 분자 1개를 둘러싼 물 분자의 개수는 평균 15개 정도라고 한다.

2　반대되는 성질의 전기를 띤 입자가 만나 끌어당기는 힘. −옮긴이

메탄 하이드레이트의 존재

메탄 하이드레이트가 생성, 축적되려면 어느 정도의 저온과 어느 정도의 압력이 필요하다고 하는데, 그 조건을 충족하는 곳은 해저 수백m 지점, 다시 말해 대륙붕 가장자리 부근에 해당한다.

메탄 하이드레이트는 태평양 쪽에만 존재하는 것은 아니다. 동해쪽에 더욱 질 좋은 메탄 하이드레이트가 존재한다는 설도 있다. 일본 근해만 하더라도 일본에서 100년 동안 채취할 수 있는 양이 매장되어 있다고 할 만큼 메탄 하이드레이트의 매장량은 어마어마하다. 문제는 채굴 방법이다.[3]

메탄 하이드레이트를 그대로 난로에 넣고 태우면 엄청난 사태가 벌어진다. 메탄(도시가스) 1분자를 태우면 2분자의 물이 나온다. 이 정도만 하더라도 결로 문제가 심각한데, 메탄 하이드레이트는 여기에 물이 15분자나 추가된다. 집안은 그야말로 풀장이 된다.

그러므로 메탄 하이드레이트를 채굴할 때는 해저에서 분해한 뒤 메탄만을 채취한다. 그런데 잘 하면 메탄 하이드레이트의 새장 구조를 분해하지 않은 채 메탄만 꺼낼 수 있을지도 모른다.

그렇다면 남은 새장은 어떻게 할까. 여기에는 메탄을 태우고 남은 이산화탄소를 주입한다. 연료도 손에 넣고 폐기물까지 처리할 수 있으니 일석이조인 셈이다. 현재 이와 같은 연구가 진행되고 있다.

---

3 태평양 쪽, 난카이 해곡(일본 시코쿠 남쪽의 해저에 있는 깊은 해곡)의 메탄 하이드레이트는 사층형으로, 채굴을 위해서는 수심 약 1000m 깊이의 해저에서 약 300m를 더 내려가야 한다. 한편 동해 쪽의 메탄 하이드레이트는 표층형으로, 태평양 쪽과는 달리 해저 바로 밑에서 덩어리 형태로 발견되고 있다.

63

왜 셰일가스는 환경 문제를 일으킬까?

21세기에 접어든 이후로 미국에서는 셰일가스의 채굴이 본격화되었다. 그 때문에 미국에서는 천연가스의 가격이 떨어지고 있다고 한다.

셰일이란 무엇일까?

셰일가스의 '셰일'은 혈암(퇴적암의 일종)이라 불리는데, 얇은 층이 여러 겹으로 겹쳐진 암석이다.

메탄이 주성분인 천연가스가 암석층 사이에 끼여 있다. 따라서 이 바위를 무너뜨리면 천연가스를 채취할 수 있게 된다.

이 사실은 20세기부터 알려져 있었으나 지하 2000~3000m 정도로 깊은 곳에 존재하기 때문에 파낼 방법이 문제였다.

채굴

셰일가스를 채취할 수 있는 방식이 21세기에 미국에서 개발되었다. 바로 사갱법(斜坑法)이다. 이 방식에서는 우선 수직으로 갱도를 파서 혈암층에 도달한다. 그다음부터는 혈암층을 따라 비스듬히 파내려가는 것이다.

하지만 셰일가스는 혈암에 흡착되어 있으므로 구멍을 뚫었다 해서 가스가 분출되지는 않는다. 그래서 갱도를 통해 화학약품이 섞인

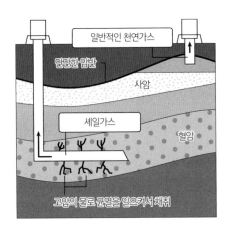

일반적인 천연가스

단단한 암반

사암

셰일가스

혈암

고압의 물로 균열을 일으켜서 채취

셰일가스와 일반적인 천연가스를 채굴하는 방식

고압의 물을 대량으로 분사해 혈암을 산산이 부수어서 가스를 방출시킨다.[1]

환경문제

이 방법은 지하의 혈암층을 파괴하고 그 대신 화학약품이 섞인 물을 주입하는 방식이다. 심지어 그 물은 인근 지하에서 퍼 올린다. 이래서야 오랫동안 평형을 유지해온 지하의 구조에 심각한 균열이 생기고 만다. 환경문제가 발생하기 마련이다.

채굴지대 중에는 소규모 지진이 발생하는 곳마저 있다고 한다. 또한 우물물에 불을 붙이자 불길이 솟구쳤다는 곳도 있다. 우물물에 가스가 섞여버린 것이다.

---

1 이 물은 해안 근처라면 바닷물을, 내륙부라면 깊은 우물을 파서 지하수를 퍼 올려 사용한다.

게다가 셰일가스는 기체나 액체 상태로 존재하는 가스가 아니다. 암석에 흡착해 있다. 다시 말해 이동할 수 없으므로 갱도에서 채굴하더라도 주변의 가스를 모두 채취했다면 거기서 끝이다. 일반적인 가스전이나 유전과 달리 하나의 갱도에서 모든 자원을 채취할 수는 없다. 갱도 하나의 수명은 몇 년, 짧으면 1년이라고 하니 계속해서 새로운 갱도를 파내야만 한다. 다시 말해 환경 문제가 꾸준히 확대될 운명인 것이다.

64

화석연료에는 어떤 것이 있을까?

'화석연료'라 하면 일반적으로 석탄, 석유, 천연가스를 떠올린다. 하지만 최근에는 새로운 자원이
발견되고 있으며, 애당초 석유는 화석에서 유래한 물질이 아니라는 가설도 등장했다.

화석연료

화석이란 일반적으로 먼 옛날에 죽은 생물의 유해에서 부패를 피한 부
분(주로 골격)에 암석 성분이 침투해 암석의 일부로 남은 것을 말한다.

　이 정의에 따르자면 화석연료란 먼 옛날에 죽은 생물의 유해가 열
과 압력 등의 영향을 받아 변한 물질이라 볼 수 있다.

　화석연료의 가장 큰 특징은 자원의 양에 한도가 있다는 점이다.
화석연료의 원료인 '먼 옛날의 생물'이 멸종했으니 당연한 일이다.

　과거에는 석탄이나 석유, 천연가스 등이 화석연료에 해당했으나 지
금은 메탄 하이드레이트(천연가스), 셰일가스(천연가스), 셰일오일(석
유), 콜베드메탄(천연가스) 등 새로운 자원이 추가되고 있다.

가채매장량

'가채매장량'은 자원의 양에 한계가 있다는 사실에서 비롯된 발상이
다. 이는 현재 존재가 확인된 연료를 지금의 속도로 채굴하고 소비를
계속했을 경우, 앞으로 몇 년이나 사용할 수 있을지를 나타낸다. 물

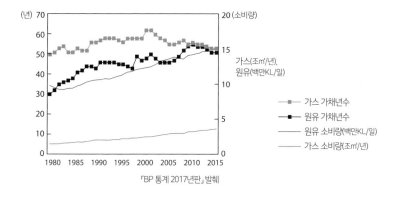

「BP 통계 2017년판」 발췌

가채년수의 추이

론 근거가 명확한 수치는 아니다.

　현재도 새로운 석유가 계속해서 발견·개발되고 있으며 채굴 기술도 발전하고 있다. 반면 에너지 절약 기술이 발달하면서 소비량은 꾸준히 줄어들고 있다. 이는 가채매장량이 해마다 증가함을 의미한다. 40년 전, 석유 위기를 부르짖던 당시의 석유 가채매장량은 30년이었다. 그로부터 40년이 지난 지금, 석유의 가채매장량은 50년이라고 한다. 나이 든 사람들에게는 '양치기 소년'의 외침처럼 들리지 않을까.

석유의 생성

화석원료 중에서도 석탄, 천연가스가 생겨난 과정에 대해서는 논쟁의 여지가 없어 보인다. 논쟁은 석유에서 발생한다. 바로 석유는 화석연료가 아니라는 주장이다.

　석유는 지하의 화학반응을 통해 생겨나는 생산물이라는 것이다.

이 이론이 옳다면 석유는 지금 이 순간에도 땅속에서 끊임없이 만들어지고 있는 셈이다. 이어서 21세기 초에는 미국의 저명한 천문학자가 '석유 행성 기원설'을 제창했다. 그 주장에 따르면 행성이 생겨날 때에는 중심에 방대한 양의 탄화수소(석유의 원료)가 갇히게 된다. 이후 이 탄화수소가 비중 때문에 지표로 떠오를 때 지열과 지압에 따라 석유로 변한다는 것이다.

그리고 최근에는 이산화탄소를 원료로 석유를 생성하는 세균이 발견되었다. 이 세균을 이용한 석유 생성 프로젝트도 발족되려 하고 있다. 석유의 진정한 모습과 가채매장량은 여전히 수수께끼로 가득하다.

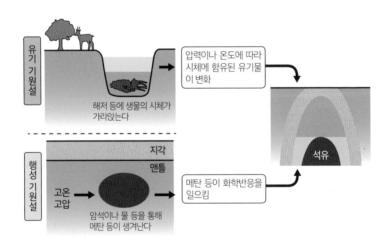

유기 기원설

해저 등에 생물의 시체가 가라앉는다

압력이나 온도에 따라 시체에 함유된 유기물이 변화

행성 기원설

지각

맨틀

고온 고압

암석이나 물 등을 통해 메탄 등이 생겨난다

메탄 등이 화학반응을 일으킴

석유

석유의 유기 기원설과 행성 기원설

65

재생에너지란 무엇일까?

우리는 석탄이나 석유, 천연가스와 같은 화석연료의 힘을 빌려서 현대사회를 쌓아올렸다. 하지만 최근에는 재생에너지에서 비롯한 '써도 써도 줄어들지 않는 에너지'가 주목을 받고 있다.

구세대 연료

인류가 오랫동안 열에너지나 빛에너지를 얻기 위해 이용해온 물질은 장작이나 목탄 등 식물이었다. 18세기에 접어들어 새롭게 석탄이 발견되고, 석탄의 발견에 촉발되듯 산업혁명이 일어났다.

이후로 석유, 천연가스와 같은 이른바 화석연료가 발견되고 그 연료를 유효하게 이용하면서 현재에 이르고 있다. 이러한 화석연료는 먼 옛날에 번성한 식물에 그 기원을 둔 것[1]으로, 태우면 이산화탄소가 생겨날 뿐 재생되지는 않는다.

신세대 에너지

그에 비해서 현재 성장 중인 식물을 태우면 n개의 이산화탄소CO_2가 발생한다. 그런데 불에 탄 식물이 싹을 틔우면 광합성이 시작되기 마련이고, 그 성장 과정에서 n개의 이산화탄소를 n개의 탄소에서 생겨

---

1 태고의 태양에너지를 가두어놓은 통조림이라고 볼 수 있다.

난 탄수화물로 되돌린다.

즉, 현재 지구상에 무럭무럭 자라난 식물을 태우더라도 머잖아 그에 필적할 만한 양의 식물이 자라나게 되는 것이다. 그런 의미에서 보자면 식물연료는 재생 가능한 연료라고 부를 수 있겠다.

또 다른 종류의 재생에너지도 있다. 이른바 사용해도 줄지 않는 에너지다. 그야말로 궁극의 재생에너지라 부를 만하다.

그 에너지는 바로 태양과 지구의 에너지다. 지구상에는 태양에서 쉴 새 없이 에너지가 날아든다. 그 덕분에 바람이 불고, 파도가 발생한다. 또한 지구 내부에서는 끊임없이 진행되는 원자핵반응을 통해 막대한 에너지가 꾸준히 생산되고 있다. 내버려두기에는 아까운 에너지원이다.

태양열발전

태양의 빛에너지를 태양전지를 이용해 직접 전기로 변환해 발전

풍력발전

바람이 풍차를 돌리는 힘으로 발전

수력발전

물이 높은 곳에서 떨어지는 힘을 이용해서 발전

지열발전

땅속 깊은 곳의 열이나 증기를 이용해 발전

바이오매스발전

음식물쓰레기나 톱밥, 가축의 분뇨와 같은 생물자원을 '직접 연소'하거나 '가스화'해 발전

해양에너지발전

바다의 물살이나 파도의 힘 등을 이용해 발전

태양전지, 풍력발전, 파력발전 등은 태양에너지를 직접적으로 이용한 발전 수단이라고 볼 수 있다. 또한 지구 내부의 원자핵반응을 이용하는 지열발전이나 지구상의 위치에너지를 이용하는 수력발전 등은 결코 고갈될 일 없는 자연에너지를 이용한 발전 방식이다. 이와 같은 에너지를 재생에너지라고 부른다.

66

태양전지는 어떻게 전기를 만들어낼까?

태양전지가 보급되기 시작했다. 간단히 설치할 수 있고 보수와 점검에 시간이 걸리지 않는다는 점, 그리고 남은 전력을 매입해주는 제도가 보급의 뒷거름이 된 듯하다.

태양전지의 구조

1개의 태양전지는 한 변이 12cm 정도인 검은 유리판처럼 생겼다. 이 유리판 몇 장을 배치한 평판을 '모듈'이라 부르며, 이 모듈 몇 장을 연결한 것이 태양전지의 발전 시스템이다. 햇빛이 유리판에 부딪히면 전기가 발생하고 전극에서 전류가 흐른다. 전지 1개의 기전력은 약 0.5V다.

가정에서 사용하는 태양전지는 규소(실리콘)Si를 사용한 것으로 '실리콘 태양전지'라고 한다. 구조는 다음 페이지 그림에 나와 있듯이 2장의 반도체(n형 반도체, p형 반도체)를 투명전극과 금속전극 사이에 끼웠을 뿐이다. 움직이는 부분은 전혀 없다. 2종의 반도체는 실리콘에 소량의 불순물을 섞은 것으로, 흔히 불순물 반도체라 부른다.

투명전극을 통과한 햇빛은 매우 얇고 투명한 n형 반도체의 층을 뚫고 pn 접합면에 도달한다. 그러면 여기에 있던 전자가 햇빛의 에너지를 받아 활동을 시작하고, n형 반도체의 층을 따라 투명 전극에 도달한다.

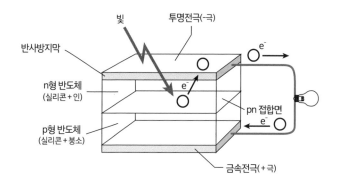

빛
투명전극(-극)
반사방지막
n형 반도체
(실리콘＋인)
e⁻
pn 접합면
e⁻
p형 반도체
(실리콘＋붕소)
e⁻
금속전극(＋극)

그리고 여기서 외부 회로를 경유해 금속전극에 도달하게 되고, p형 반도체의 층을 따라서 원래의 자리로 돌아간다. 외부 회로를 흐르는 이 전자가 전류에 해당한다.

태양전지의 장점과 단점

태양전지는 뛰어난 능력을 지녔지만 장점만 있지는 않다. 단점도 있다. 각자를 살펴보도록 하자.

【장점】
① **보수·점검이 필요 없다**: 태양전지에는 움직이는 부분도, 소모되는 부분도 없다. 따라서 고장도 나지 않는다. 보수, 점검은 기본적으로 필요 없다.
② **현지 생산·현지 소비**: 전력을 만들어내는 부분과 전력을 소비하는 부분을 직결할 수 있다. 가로등의 갓을 태양전지로 바꾸기만 해도 발전과 점등을 일체화할 수 있다. 외딴섬의 등대 역시 인간이 아무것도 하지 않아도 계속해서 불을 켤 수 있다.

③ 송전설비가 필요 없다: ②와 마찬가지로 먼 곳에서 발전할 필요가 없으므로 전력을 보낼 필요가 없다. 송전선이 필요치 않고, 송전에 따른 전력의 유출도 없다.

【단점】
① 가격이 비싸다.　　　　　　　　② 변환 효율이 낮다.

　결정적인 단점은 가격이 비싸다는 사실이다. 지각 내부에 존재하는 실리콘은 그 끝을 알 수 없을 정도로 풍부하다. 따라서 자원이 고갈될 염려는 없다. 하지만 태양전지에 이용할 경우에는 순도가 발목을 잡는다. 무려 세븐나인, 즉 99.99999%의 순도가 요구된다. 이 순도를 충족시키려면 그만 한 공장 설비와 전력 에너지가 필요하므로 필연적으로 가격이 상승한다.

　또한 '지상에 도달한 태양에너지 중 몇 %나 전력으로 바꿀 수 있는가'를 따지는 변환 효율도 문제다. 현재는 15~20% 정도인 듯하다. 이를 50%까지 높이기 위해 현재 다양한 연구가 진행되고 있다.[1]

1　재생에너지 중 변환 효율(발전 효율)이 가장 높은 방식은 80%인 수력발전으로, 그다음은 25%인 풍력발전이다. 또한 지열발전은 8%, 바이오매스발전은 1%라고 한다.

67

수소연료전지는 어떻게 전기를 만들어낼까?

일반적으로 연료전지는 연료의 연소를 통해 발생하는 연소에너지를 전기에너지로 변환하는 장치를 가리킨다. 그중에서도 수소가스를 연료로 이용한 전지를 '수소연료전지'라고 부른다.

수소연료전지의 구조와 원리

수소연료전지는 수소를 연료로 삼아 연소해 그 에너지를 전기에너지로 바꾸는 장치다. 보급된 연료에 걸맞은 양의 전력을 생산하며, 연료가 떨어지면 발전을 멈춘다. 이는 수소를 연료로 사용하는 화력발전소나 마찬가지다. 다시 말해 연료전지는 전지라기보다는 소형 휴대용 발전소라고 부르는 편이 더 어울리는 장치인 셈이다.

다음 페이지 그림은 수소연료전지의 개념도다. 전해질 용액 안에 +극과 −극을 집어넣고, 각각에 수소가스H_2(−극), 산소가스O_2(+극)를 공급한다. 각 전극에는 촉매로서 백금Pt이 코팅되어 있다.

−극에서 수소가스가 촉매의 힘을 빌려 수소 이온H^+과 전자e^-로 분해된다. H^+는 전해질 용액을 지나 +극에 도달한다. 한편 전자는 외부 회로(도선)를 따라 +극으로 이동하는데, 이 과정에서 전류가 발생한다. 그리고 +극에서 한데 모인 H^+, e^-, O_2는 물H_2O로 변하며 에너지를 생산한다.

이 전지의 핵심은 연소에서 발생하는 폐기물이 물밖에 없다는 점

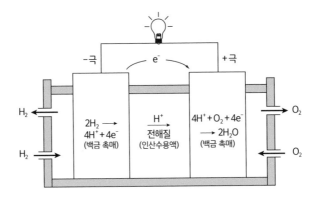

수소연료전지의 개념도

이다. 이 물에는 아무런 유해물질이 섞여 있지 않으므로 그대로 마실 수 있다. 이는 우주비행사들을 대상으로 한 인체실험을 통해 검증되었다.

수소연료전지의 문제점

물론 수소연료전지에도 문제점은 있다.

첫 번째 문제점은 연료인 수소가스가 자연계 어디에도 존재하지 않는 물질이라는 것이다. 따라서 수소가스는 인류가 직접 만들어내야 한다.

방법은 물의 전기분해, 메탄올의 분해, 석유의 분해 등 다양하다. 하지만 이러한 분해에는 전력 등의 에너지가 필요하다. 즉, **수소연료전지를 만들려면 다른 에너지를 사용해야 한다**는 뜻이다.

두 번째 문제점은 수소가스가 폭발성 기체라는 것이다. 굳이 1937년에 벌어진 역사적 비행선 사고인 힌덴부르크호 폭발 사고[1]를 언급하지 않더라도 수소의 위험성은 익히 알려졌다. '이런 물질을 자동차에 싣고 거리를 달려도 괜찮을까?'라는 우려의 목소리가 있다. 나아가 수소가스 충전소와 같은 기반시설에 관한 문제도 있다.

세 번째 문제는 수소연료전지에는 촉매가 반드시 필요하다는 점이다. 현재 유력한 촉매는 백금이다. 백금은 새삼 설명할 필요도 없는 귀금속으로, 오로지 남아프리카에서만 산출되고 있다. 따라서 가격이 비싼데다 시세가 단기간에 오르내리기 쉽다. 만약 수소연료전지가 널리 사용되는 날이 온다면 투기꾼까지 끼어들어 그 가격이 어떻게 급등할지는 아무도 예측할 수 없다.

이처럼 불안 요인이 많은 금속에 사회의 에너지를 맡겨도 과연 괜찮을까. 이는 과학이라기보다는 정치·경제적인 문제라 할 수 있겠다.

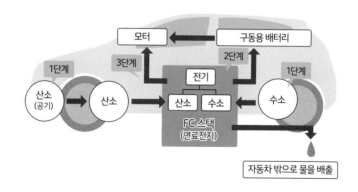

---

1   1937년 5월 6일, 미국의 레이크허스트 해군 항공기지에 착륙 예정이었던 독일의 비행선 힌덴부르크호가 뉴저지 상공에서 폭발한 사건으로, 승객과 승무원 97명 중 33명이 목숨을 잃었다. 폭발의 원인은 정전기로 발생한 화재로 추정된다. -옮긴이

참고문헌

齋藤勝裕,『気になる化学の基礎知識』, 技術評論社, 2009.

齋藤勝裕,『へんな金属 すごい金属』, 技術評論社, 2009.

齋藤勝裕,『へんなプラスチック すごいプラスチック』, 技術評論社, 2011.

齋藤勝裕,『科学者も知らないカガクのはなし』, 技術評論社, 2013.

齋藤勝裕,『ぼくらは「化学」のおかげで生きている』, 実務教育出版, 2015.

齋藤勝裕,『本当はおもしろい化学反応』, SBクリエイティブ, 2015.

齋藤勝裕,『脳を惑わす薬物とくすり』, C&R研究所, 2015.

齋藤勝裕,『爆発の仕組みを化学する』, C&R研究所, 2016.

齋藤勝裕,『毒の科学』, SBクリエイティブ, 2016.

齋藤勝裕,『料理の科学』, SBクリエイティブ, 2017.

齋藤勝裕,『汚れの科学』, SBクリエイティブ, 2018.

齋藤勝裕,『人類が手に入れた地球のエネルギー』, C&R研究所, 2018.

齋藤勝裕,『「発酵」のことが一冊でまるごとわかる』, ベレ出版, 2019.

齋藤勝裕,『「食品の科学」が一冊でまるごとわかる』, ベレ出版, 2019.

齋藤勝裕,『アロマの化学 きほんのき』, フレグランスジャーナル社, 2020.